高等教育创新性实验教材

普通高等教育"十三五"规划教材

C语言

程序设计实验实训

主　　编○金东萍　刘一臻　王彦明

副主编○畅惠明　李辽辉

参　　编○刘慧宇

西南交通大学出版社

·成　都·

内容简介

全书包括上机实验、综合实训和等级考试三部分内容。上机实验部分含基本的 C 语言程序设计实验和单元测试,既考虑了读者在学习过程中的上机实验需要,又考虑了程序设计的典型算法应用,有针对性地提高读者的编程能力;综合实训部分含基本实训和项目实训,是为培养读者的 C 语言程序设计应用能力和开发能力而编写的;等级考试部分含全国计算机等级考试(二级)考试大纲、模拟题、参考答案及解析等内容。

本书适合于高等院校理工类各专业学习使用,也适合 C 语言自学者或参加各种 C 语言考试的读者学习使用。

图书在版编目(C I P)数据

C 语言程序设计实验实训 / 金东萍,刘一臻,王彦明主编. — 成都:西南交通大学出版社,2016.1(2019.7重印)

高等教育创新性实验教材

ISBN 978-7-5643-4340-8

Ⅰ. ①C… Ⅱ. ①金… ②刘… ③王… Ⅲ. ①C 语言-程序设计-高等学校-教材 Ⅳ. ①TP312

中国版本图书馆 CIP 数据核字(2015)第 243922 号

高等教育创新性实验教材

C 语言程序设计实验实训

金东萍　刘一臻　王彦明　主编

责 任 编 辑	张华敏
特 邀 编 辑	蒋雨杉　唐建明
封 面 设 计	何东琳设计工作室
出 版 发 行	西南交通大学出版社
	(四川省成都市二环路北一段 111 号
	西南交通大学创新大厦 21 楼)
发 行 部 电 话	028-87600564　028-87600533
邮 政 编 码	610031
网　　　　址	http://www.xnjdcbs.com
印　　　　刷	成都勤德印务有限公司
成 品 尺 寸	185 mm × 260 mm
印　　　　张	14.5
字　　　　数	362 千
版　　　　次	2016 年 1 月第 1 版
印　　　　次	2019 年 7 月第 3 次
书　　　　号	ISBN 978-7-5643-4340-8
定　　　　价	36.00 元

前　言

　　"C 语言程序设计"课程是高等院校理工类非计算机专业学生必修的专业基础课程。要学好 C 语言，需要进行大量的实际操作和实践训练。本书是为配合"C 语言程序设计"课程的学习而编写的实验实训教材，以帮助读者深入理解和掌握 C 语言程序设计所涉及的概念、方法与技巧。在编写本书的过程中，我们以培养读者的实践能力和创新能力为理念，注重基础，突出应用。全书内容共分为三部分：

　　第一部分　上机实验。含基本的 C 语言程序设计实验和单元测试。实验内容由浅入深，其中有些题目难度高于教科书中的例题，目的是适合不同水平基础的读者。

　　第二部分　综合实训。含基础实训和项目实训。是为培养读者的 C 程序设计应用能力和开发能力而编写的，同时给出了解题思路、程序分析等，以便于读者理解、思考。

　　第三部分　等级考试。含全国计算机等级考试（二级）考试大纲、模拟题、参考答案及解析等内容。

　　本书是一本实用的 C 语言实验实训教材，编者尽量突出 C 语言程序设计课程的特点，力求以知识为主导，由易到难，并结合国家计算机等级考试和计算机专业软件水平考试的内容，让读者通过综合运用所学过的知识，学习编写规模稍大、实用性较强的程序，对于提高读者的实践能力、创新能力和编程兴趣，将会有很好的效果。因此本书不仅适合于高等院校理工类各专业学习使用，也适合 C 语言自学者或参加各种 C 语言考试的读者学习使用。

　　为了便于读者自测，本书的所有习题均附有参考答案，其中编程题答案不一定是最好的和唯一的，仅仅起到示范或参考作用。书中的所有程序均在 Visual C++6.0 环境下调试通过。

　　本书由金东萍、刘一臻、王彦明任主编，畅惠明、李辽辉任副主编，刘慧宇任参编。具体分工如下：金东萍编写第 1 章至第 4 章；刘一臻编写第 5 章和第 6 章；金东萍、王彦明、畅惠明、李辽辉和刘慧宇共同编写第 7 章至第 12 章。金东萍负责全书的总体规划设计和统稿工作。

　　由于作者水平所限，书中缺点和错误在所难免，敬请各位读者谅解，并恳请读者及时提出宝贵意见和建议，我们将不胜感激。

编　者

2016 年 1 月

目　录

第一部分　上机实验

第二部分　综合实训

第三部分　等级考试

第一部分　上机实验

　　实验是学习 C 语言程序设计十分重要的环节。通过有针对性的上机实验，读者可以进一步熟悉 C 语言的功能，逐步理解和掌握 C 语言程序设计的思想、步骤和方法，通过大量的编程训练，有利于培养读者应用 C 语言程序设计解决实际问题的能力、应用开发的能力和创新能力。

　　当然，如果你是第一次接触计算机软件编程，不要期望立即就能写出一个实用的程序，也不必惧怕自己不会写程序，编程本来就是一个循序渐进的过程，程序设计不是听会的，也不是看会的，而是自己上机练会的。请根据教师的引导，独立自主、大胆地进行所要求完成的实验工作。动手才能找到感觉，动手才能找到自信，动手才能有成就感。

　　本部分共 9 章内容，每章包含上机实验和单元测试两部分。既考虑了读者在学习过程中的上机实验需要，又有针对性地提高读者的编程能力。单元测试内容不仅能满足教学需要，而且对于参加各类计算机考试的读者，也是很好的辅导教材。

　　需要指出的是，为适合不同水平基础的读者，其中有些题目难度高于教科书中的例题。这里提供的解答未必就是最好的，仅仅是提供了一种解题思路，并用规范的书写风格表达出来。为了达到理想的实验效果，读者应该自己先编写程序，然后上机调试，在程序出现问题时，或在自己的程序完成以后，再参考答案作比较，这样做效果会更好。

第1章　Visual C++6.0 集成开发环境

实验1　Visual C++6.0 实验环境

【实验目的】

1. 了解和熟悉 C 语言程序设计开发环境 Visual C++6.0。
2. 了解 C 语言程序设计的一般步骤。

【实验内容】

Visual C++6.0，简称 VC++ 6.0、VC 或者 VC6.0，是微软推出的一款 C++编译器，将"高级语言"翻译为"机器语言"的程序。Visual C++是一个功能强大的可视化软件开发工具。自 1993 年 Microsoft 公司推出 Visual C++1.0 后，随着其新版本的不断问世，Visual C++已成为专业程序员进行软件开发的首选工具。

Visual C++6.0 不仅是一个 C++ 编译器，而且是一个基于 Windows 操作系统的可视化集成开发环境（integrated development environment，IDE）。Visual C++6.0 由许多组件组成，包括编辑器、调试器以及程序向导 AppWizard、类向导 Class Wizard 等开发工具。 这些组件通过一个名为 Developer Studio 的组件集成为和谐的开发环境。

Visual C++6.0 除了包含文本编辑器、C/C++混合编译器、连接器和调试器外，还提供了功能强大的资源编辑器和图形编辑器，利用"所见即所得"的方式完成程序界面的设计，大大减轻了程序设计的劳动强度，提高了程序设计的效率。

Visual C++6.0 的功能强大，用途广泛，不仅可以编写普通的应用程序，还能很好地进行系统软件设计及通信软件的开发。

一、安装和启动

安装方法：首先下载软件安装包，运行 AUTORUAN.exe，出现 Visual C++6.0 安装界面，选择中文版，如图 1-1 所示。

然后按照安装程序的指导完成安装过程。软件会长时间搜索硬盘，确定你的配置以及环境，此时一定不要关闭软件。搜索完成后，会提示如图 1-2 所示的选择界面，选择"是"。

图 1-1　Visual C++6.0 安装界面

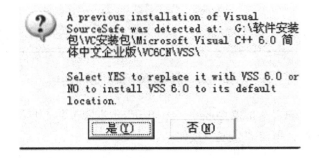

图 1-2　Visual C++6.0 安装选择界面

　　继续选择安装类型 Typica 和安装路径。最后提示是否注册环境变量，打上对钩，点击
"OK"，结束安装。

　　启动 Visual C++6.0 的方法：点击开始菜单的"所有程序"，单击 Microsoft Visual C++6.0
图标，或者在 Window 桌面上建立一个快捷方式，双击它即可启动。

二、创建工程项目

　　使用 Visual C++ 6.0 编写并处理的任何程序都要创建一个与之相关的工程，Visual C++ 6.0
用工程化的管理方法把一个应用程序中的所有相互关联的一组文件组织成一个有机的整体，
构成一个项目，也称为工程项目。工程项目以文件夹方式管理所有源文件，工程项目名作为
文件夹名。文件夹中包含源程序文件（.C）、项目文件（.DSP）、项目工作区文件（.DSW）、
项目工作区配置文件（.OPT）和 Debug（调试）子文件夹等。

　　首先要创建一个工程项目(project)，用来存放 C 程序的所有信息。创建一个工程项目的
操作步骤如下：

第一步，启动 Visual C++6.0，进入 Visual C++6.0 环境后，在主菜单中选择"文件"菜单，在其下拉菜单中单击"新建"项，弹出一个"新建"对话框，单击上方的选项卡"工程"，从中选择"Win32 Console Application"工程类型，在"工程名称[N]:"一栏中输入工程名，例如 wodec，在"位置[C]:"一栏中输入路径，例如：F:\WODEC\wodec，如图 1-3 所示，继续单击"确定"按钮。

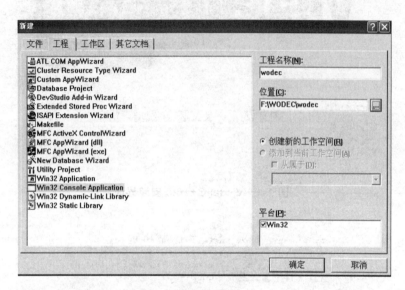

图 1-3　创建工程项目（1）

第二步，弹出对话框"Win32 Console Application-步骤 1 共 1 步"，如图 1-4 所示，选择"一个空工程[E]"按钮，单击"完成"按钮。

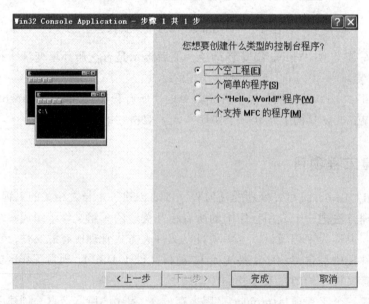

图 1-4　创建工程项目（2）

此对话框主要是询问用户想要创建什么类型的工程，各选项的含义如下：

- 一个空工程：生成一个空的工程，工程内不包括任何文件。
- 一个简单的程序：生成包含一个空的 main（）函数和一个空的头文件的工程。
- 一个"Hello World!"程序：是包含有显示"Hello World!"字符串的输出语句。
- 一个支持 MFC 的程序：可以利用 Visual C++ 6.0 所提供的类库来进行编程。

在弹出的"新建工程信息"对话框中，单击"确定"按钮，至此完成工程项目的创建（文件夹名称 wodec）。

三、新建一个 C 源程序

创建工程项目完成之后，再创建 C 源程序文件，继而进行源程序的输入和编辑工作。

第一步，创建 C 源程序文件。进入 Visual C++6.0 环境后，在主菜单中选择"文件"菜单，在其下拉菜单中单击"新建"项，弹出一个"新建"对话框，单击上方的选项卡"文件"，在对话框内单击"C++ Source File"项，在"文件名[N]:"栏内输入新添加的源文件名，如 wodec.c（注意扩展名为.c），在"位置[C]:"一栏输入文件路径，如图 1-5 所示，此时新建了一个 C 源程序文件，最后单击"确定"按钮，完成一个 C 源程序文件的创建。

注意：输入 C 源程序文件名一定要加上扩展名".c"，否则系统会为文件添加默认的 C++ 源文件扩展名".CPP"。

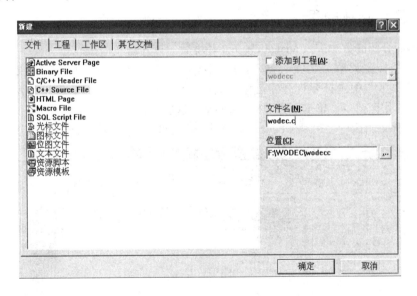

图 1-5 创建 C 源程序文件（1）

第二步，如图 1-6 所示，在文件编辑区输入和编辑源程序；或者在左侧的工作区窗口，单击下方的"FileView"选项卡（文件视图显示），单击展开，打开"Source Files"文件夹，单击源程序文件名，进行输入和编辑源程序。

第三步，保存文件。在主菜单中选择"文件"菜单，在其下拉菜单中单击"保存"项，保存工作区文件；或者在工具条上单击保存图标进行保存。

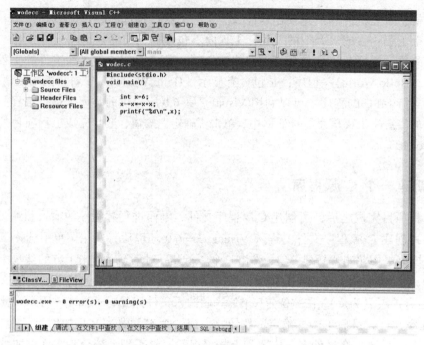

图 1-6 创建 C 源程序文件（2）

四、打开已存在的程序

首先按前面介绍的方法进入 Visual C++6.0 环境后，打开已经存在的 C 源程序，方法如下：

方法一，选择主菜单"文件"，单击下拉菜单中的"打开工作空间(W)"，在弹出的对话窗口"打开工作区"中选择要打开的工作区文件 wodec.dsw，单击"打开"按钮。

在左侧的工作区窗口，单击下方的"FileView"选项卡，打开"Source Files"文件夹，双击 wodec.c，在文件编辑区中会出现 wodec.c 源程序，此时可以进行编辑和修改，如图 1-7 所示。

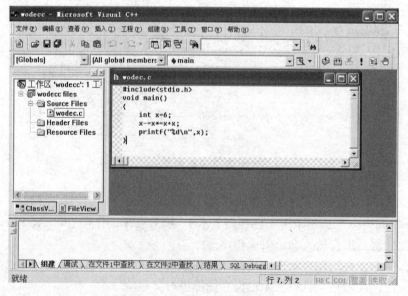

图 1-7 打开 wodec.c 源程序

方法二，选择主菜单"文件"，单击下拉菜单中的"打开"，在"打开"对话框中单击要打开的文件 wodec.c，单击"打开"按钮，在文件编辑区会出现 wodec.c 源程序，此时可以进行编辑和修改。

方法三，按路径寻找已经存在的程序。以查找 wodec.c 程序为例，双击"我的电脑"，双击 F 盘，打开 wodec 文件夹，双击 wodec.c 文件，则进入了 Visual C++6.0 环境，而且程序已经显示在文件编辑区了，此时可以进行编辑和修改。

注意：编辑和修改后的文件要进行保存。

五、程序的编译、连接、运行和退出

在对 C 源程序进行编辑和修改后，若要运行该程序，还要再对该源程序进行编译和连接。步骤和方法如下：

第一步，编译。C 源程序以文本形式存储，它不能由计算机直接执行，计算机只能执行机器语言编写的程序，因此要把源程序文件翻译成特定机器语言描述的目标程序文件，这个过程就是编译。编译是将源程序代码翻译成目标文件（扩展名为.obj），在这个过程中可能发现源程序的语法、代码等错误，需要进行修改。

方法：选择主菜单"组建"，单击下拉菜单中的"编译"命令，或单击工具条上的图标。在输出（Output）窗口中将显示编译过程中检查出的错误或警告信息，在错误信息处单击鼠标右键或双击鼠标左键，可以使输入焦点跳转到引起错误的源代码处的大致位置，此时可进行修改。如图 1-8 所示，输出窗口中提示 "F:\wodec\wodecc\wodec.c(7) : error C2143: syntax error : missing ';' before '}'"，提示在 "}" 之前缺少分号，同时在程序窗口中已经标注出了出错语句的大致位置，此时可修改源程序，再进行编译，直到没有错误为止。当没有错误与警告出现时，输出窗口所显示的最后一行应该是 "hello.obj — 0 error(s), 0 warning(s)"。

图 1-8   在编译过程中显示错误提示信息

第二步，连接。源程序经编译后生成的目标文件（.obj）还不能在计算机上直接执行。因为 C 语言源程序一般都由若干个独立的程序模块组成,这些模块往往分别进行编辑和编译,编译后生成的是一个个相对独立的目标程序模块。利用连接程序按一定的方式将它们连接、装配成一个整体后,才生成了可执行的目标码文件。可执行文件的扩展名为.exe。

方法：选择主菜单"组建",单击下拉菜单中的"组建"命令,或单击工具条上的图标![img]，完成连接操作。

程序连接完成后生成的目标文件（.obj）、可执行文件（.exe）存放在当前工程项目所在文件夹的"Debug"子文件夹中。

另外,选择主菜单"组建"中的"全部重建"命令,允许用户编译所有的源文件,而不管它们何时曾经被修改过。选择主菜单"组建"中的"批组建"命令,能单步重新建立多个工程文件,并允许用户指定要建立的项目类型。

第三步，运行程序。当通过了编译、连接之后,就可以运行该程序了。运行程序时,程序的每条语句都会被执行。如果程序向操作人员请求数据,这时程序将暂停运行,等待用户输入数据。程序的运行结果将在终端上显示。

方法：选择主菜单"组建",单击下拉菜单中的"执行"命令,或单击工具条上的图标![img]，执行程序,便会弹出一个新的窗口,即运行窗口。按照程序的要求正确输入后,程序即可执行,运行窗口将显示程序运行的结果。按任意键返回编辑状态。

对于比较简单的程序,可以直接选择运行命令,编译、连接和运行一次完成。

如果完成了一个程序的运行,不再对它进行其他处理,可以选择主菜单"文件",单击下拉菜单中的"关闭工作空间"命令,以结束对该程序的操作。

第四步，退出 Visual C++6.0 环境。单击主菜单"文件"的下拉菜单"退出"命令,如图1-9 所示,可退出 Visual C++6.0 环境。

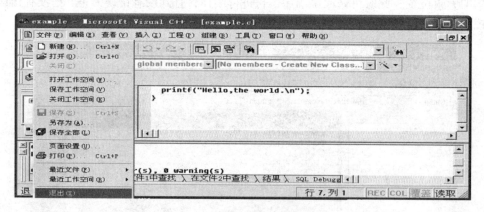

图 1-9　退出 Visual C++6.0 环境

六、建立多个 C 源程序

方法一，在一个工程项目中建立多个 C 源程序文件。选择主菜单"文件",单击下拉菜单中的"打开工作空间"命令,在"打开工作区"对话框内找到并单击要打开的工作区文件"wodec.dsw",单击"打开"按钮;再选择主菜单"工程"中的"增加到工程→新建"命令,弹出"新建"对话框,单击选项卡"文件",选择"C++SourceFile"项,并在"文件名[N]"

中输入"文件名.c"，单击"确定"按钮，至此在一个工程项目中又建立了一个新的 C 源程序文件。以此方法，可以在一个工程项目中建立多个 C 源程序文件。

在左侧的工作区窗口，单击下方的"FileView"选项卡，可以看见新增加的源程序。注意，在一个工程项目中，同时只能运行一个 C 源程序，当运行一个程序时，需要将其他的源程序删除，否则连接程序会出现错误提示。删除方法：在"FileView"显示窗口中单击要删除的源程序，按"Dellete"键即可（不是真删除，仍然保存在工作区中）。

方法二， 在工程项目中添加已经存在的 C 源程序文件。选择主菜单"文件"，单击下拉菜单中的"打开工作空间"命令，在"打开工作区"对话框内找到并单击要打开的工作区文件"wodec.dsw"，单击"打开"按钮。

选择主菜单"工程"，单击下拉菜单中的"增加到工程→文件"命令，弹出"插入文件到工程"对话框，找到并单击已经存在的 C 源程序文件，单击"确定"按钮完成添加。

七、调试程序

在编写较长的程序时，能够一次成功而不含有任何错误绝非易事，对于程序中的错误，系统提供了易用且有效的调试手段。调试是一个程序员最基本的技能，不会调试的程序员就意味着即使学会了一门语言，也不能编制出好的软件。

（一）调试程序环境介绍

1. 进入调试程序环境

选择主菜单"组建"，单击下拉菜单中的"开始调试"命令，选择下一级提供的调试命令，或者在菜单区空白处单击鼠标右键，在弹出的菜单中选中"调试"项。激活调试工具条，选择需要的调试命令，系统将会进入调试程序界面；同时提供多种窗口监视程序运行，通过单击"调试（Debug）"工具条上的按钮，可以打开/关闭这些窗口，参考图 1-10 所示的调试程序界面。

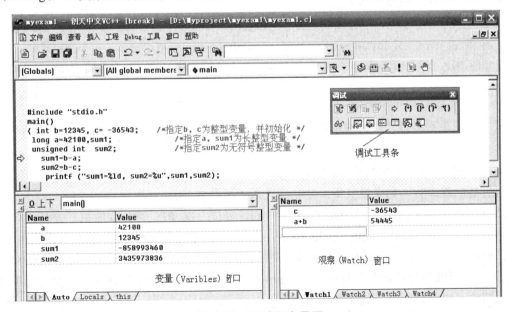

图 1-10　调试程序界面

2. Watch（观察）窗口

单击调试（Debug）工具条上的 Watch 按钮，就出现一个 Watch 窗口。

系统支持查看程序运行到当前指令语句时变量、表达式和内存的值。所有这些观察都必须在断点中断的情况下进行。

观看变量的值最简单，当断点到达时，把光标移动到这个变量上，停留一会就可以看到变量的值。

还可以采用系统提供一种被称为 Watch 的机制来观看变量和表达式的值。在断点中断状态下，在变量上单击右键，选择 Quick Watch， 就弹出一个对话框，显示这个变量的值。

在该窗口中输入变量或者表达式，就可以观察变量或者表达式的值。注意"++"和"--"运算符绝对禁止用于这个表达式中，因为这个运算符将修改变量的值，导致程序的逻辑被破坏。

3. Variables（变量）窗口

单击调试（Debug）工具条上的"Variables"按钮弹出 Variables 窗口，显示所有当前执行上下文中可见的变量的值。特别是当前指令语句涉及的变量，以红色显示。

4. Memory（内存）

由于指针指向的数组，Watch 窗口只能显示第一个元素的值。为了显示数组的后续内容，或者要显示一片内存的内容，可以使用 memory 功能。单击调试（Debug）工具条上的"memory"按钮，就弹出一个对话框，在其中输入地址，就可以显示该地址指向的内存的内容。

5. Registers(寄存器)

单击调试（Debug）工具条上的"Registers"按钮弹出一个对话框，显示当前的所有寄存器的值。

6. Call Stack（调用堆栈）

调用堆栈反映了当前断点处函数是被哪些函数按照什么顺序调用的。单击调试（Debug）工具条上的"Call stack"显示 Call Stack 对话框。在 Call Stack 对话框中显示了一个调用系列，最上面的是当前函数，往下依次是调用函数的上级函数。单击这些函数名可以跳到对应的函数中去。

（二）单步执行调试程序

系统提供了多种单步执行调试程序的方法：可以通过单击调试（Debug）工具条上的按钮或按快捷键的方式选择多种单步执行命令。

① 单步跟踪进入子函数（Step Into，F11），每按一次 F11 键或按 ，程序执行一条无法再进行分解的程序行，如果涉及子函数，则进入子函数内部。

② 单步跟踪跳过子函数（Step Over，F10），每按一次 F10 键，程序执行一行；Watch 窗口可以显示变量名及其当前值，在单步执行的过程中，可以在 Watch 窗口中加入所需观察的变量，辅助加以进行监视，随时了解变量当前的情况，如果涉及子函数，不进入子函数内部。

③ 单步跟踪跳出子函数（Step Out，Shift+F11），按键后，程序运行至当前函数的末尾，然后从当前子函数跳到上一级主调函数。

④ 运行到当前光标处，当按下 CTRL+F10 后，程序运行至当前光标处所在的语句。

表 1-1 所示为常用调试命令一览表。

表 1-1 常用调试命令一览表

菜单命令	工具条按钮	快捷键	说　明
Go	≣↓	F5	继续运行，直到断点处中断
Step Over	{}↗	F10	单步，如果涉及子函数，不进入子函数内部
Step Into	↘{}	F11	单步，如果涉及子函数，进入子函数内部
Run to Cursor	↘{}	CTRL+F10	运行到当前光标处
Step Out	{}↗	Shift +F11	运行至当前函数的末尾，跳到上一级主调函数
	🖐	F9	设置/取消　断点
Stop Debugging	≣↗	Shift+F5	结束程序调试，返回程序编辑环境

（三）设置断点调试程序

为了方便对较大规模程序进行跟踪，断点是最常用的技巧。断点是调试器设置的一个代码位置。当程序运行到断点时，程序中断执行，回到调试器。调试时，只有设置了断点并使程序回到调试器，才能对程序进行在线调试。图 1-11 所示为设置断点调试程序。

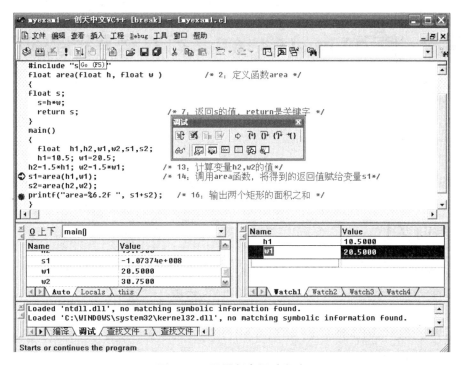

图 1-11 设置断点调试程序

1. 设置断点的方法

可以通过下述方法设置一个断点。首先把光标移动到需要设置断点的代码行上，然后按

F9 快捷键或者单击"编译"工具条上的按钮🖑，断点处所在的程序行的左侧会出现一个红色圆点，参考图 1-11 和表 1-1。

还可以选择主菜单"编辑"，单击下拉菜单中的"断点"命令，弹出"Breakpoints"对话框，打开后点击"分隔符在:"编辑框右侧的箭头，选择合适的位置信息。一般情况下，直接选择 line xxx。

2. 程序运行到断点

选择主菜单"组建"中的"开始调试"命令的下一级的"Go"调试命令，或者单击"编译（Compile）"工具条上的🗐按钮，程序执行到第一个断点处将暂停执行，该断点处所在的程序行的左侧红色圆点上添加了一个黄色箭头，此时，用户可方便地进行变量观察。继续执行该命令，程序运行到下一个相邻的断点。

3. 取消断点

只需在代码处再次按 F9 或者单击"编译"工具条上的按钮🖑。

（四）结束程序调试，返回程序编辑环境

选择主菜单"调试"中的"Stop Debugging"命令，或者单击"调试"工具条上的🗐按钮，或者单击 Shift+F5 键，可结束程序调试，返回程序编辑环境。

实验 2　使用 Visual C++6.0 运行 C 语言程序的方法

【实验目的】

1. 进一步了解 C 语言源程序的特点。
2. 进一步熟悉 C 语言编程环境 Visual C++6.0。
3. 掌握编辑、编译、连接和运行一个 C 语言程序的方法。

【实验内容】

C 语言程序设计的一般步骤：
① 运行程序设计开发工具，进入程序设计开发环境。
② 新建一个文件，输入准备好的程序。
③ 不要立即进行编译和连接，应该首先仔细检查刚刚输入的程序，如有错误及时改正，保存文件后再进行编译和连接。
④ 如果在编译和连接的过程中发现错误，根据系统的提示找出出错语句的位置和原因，改正后再进行编译和连接。直到成功为止。
⑤ 运行程序，如果运行结果不正确，修改程序中的内容，直到结果正确为止。
⑥ 保存源程序和相关资源。

一、编译、连接、运行程序(1)

实验步骤如下：

步骤一：建立工程项目

① 进入 Visual C++ 6.0 主窗口，选择主菜单中"文件"→"新建"命令，弹出"新建"对话框，在弹出的对话框中选择"工程"选项卡，从中选择"Win32 Console Application"选项（工程类型中名为 Win32 Console Application 的选项，称为控制台应用程序，它是用来编写和运行 C 语言程序方法中最简单的一种，其入口函数是 main ( )）。

② 在"工程名称"文本框中输入工程名（如 proj1），接着在"位置"文本框中输入存放工程相关文件的目录（如 d:\chengxu），也可通过单击"…"按钮选择并指定这一文件夹位置，此时 Visual C++ 6.0 会自动在"位置"文本框中用该工程名 proj1 建立一个同名子目录，随后的工程文件及其他相关文件都将存放在这个目录中。图 1-12 所示为"工程"选项卡对话框。

图 1-12　"工程"选项卡对话框

在图 1-12 所示界面中选中"创建新的工作空间"单选按钮，单击"确定"按钮，弹出如图 1-13 所示的项目类型对话框。为了编写和运行一个 C 语言程序，可选中"一个空工程"单选按钮，单击"完成"按钮。

步骤二：建立 C 语言源程序文件

① 选择主菜单"文件"菜单中的"新建"命令，在弹出的对话框中选择"文件"选项卡，在其选项卡中选择"C++ Source File"选项，选中右边的"添加到工程"复选框，在其下方的 "文件名"文本框中输入文件名（如 hello.c，注意此处扩展名.c 不能省略），单击"确定"按钮，进入输入源程序的编辑窗口。图 1-14 所示为"新建"对话框。

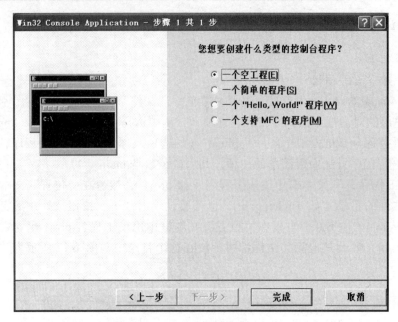

图 1-13 项目类型对话框

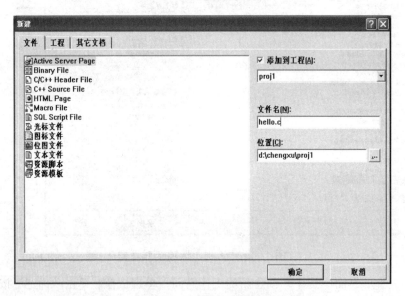

图 1-14 "新建"对话框

② 进入源程序的编辑窗口,输入 C 源程序代码如下:

```c
#include<stdio.h>
void main()
{
    printf("Hello World! \n");
}
```

单击 File View 标签,可以看到 Source File 文件夹下的文件 hello.c,图 1-15 所示为编辑源程序窗口。

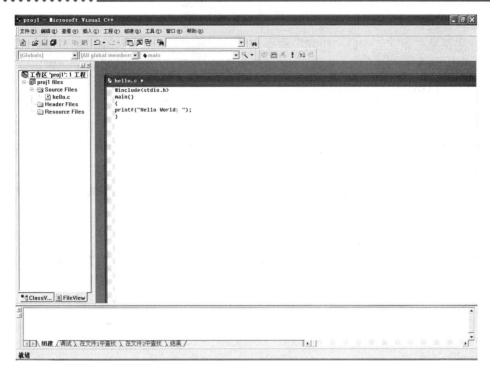

图 1-15 编辑源程序窗口

步骤三：编译程序

选择主菜单"组建"中的"编译"命令对程序进行编译（也可通过单击窗口上方工具栏 ，从中选择"编译"按钮 来完成），若编译中发现错误（error）或警告（warning），在输出窗口中将显示它们所在的行及具体的出错或警告信息，双击这些信息，在编辑区的左侧将出现一个" ⇨ "提示出错行，如图 1-16 所示的编译窗口。

图 1-16 编译窗口

步骤四：连接

选择主菜单"组建"中的"组建"命令来连接生成可执行程序（也可通过单击窗口上方工具栏，从中选择 "组建"按钮来完成）。连接成功后，输出窗口显示"proj1.exe — 0 error(s), 0 warning(s)"。

步骤五：运行程序

选择主菜单"组建"中的"执行"命令（也可通过单击窗口上方工具栏中选择！"执行"按钮来完成）。运行后将出现一个显示结果界面。其中的提示信息"press any key to continue"是由系统产生的。

至此已经生成并运行了一个完整的程序，完成了一个完整的编程任务。

实验思考：

① 将程序中的"\n"去掉，观察程序的运行结果，并和源程序的运行结果对照比较。

② stdio.h 是头文件，C 提供了多个头文件，#include<stdio.h>是预处理命令，将各头文件用#include 命令包含在程序的首部就可以直接使用了，它不是 C 语句，其后不能加";"。

注意：

要想编写第二个 C 程序，必须关闭前一个程序的工作空间，方法是：选择主菜单"文件"中的"关闭工作空间"命令，然后通过新的编译连接，产生第二个程序的工作空间，否则将一直运行前一个程序。

二、编译、连接、运行程序(2)

实验步骤如下：

步骤一：输入下列程序，编译、连接并运行程序。

步骤二：观察程序的输出结果。

步骤三：对程序做适当改变，再观察显示的内容。

```
#include<stdio.h>          //预处理命令
void main( )               //主函数定义
{
    printf("     输入学号：  \n");
    printf(" ============  \n");
    printf("     输入姓名：  \n");
    printf(" ============  \n");
    printf("     输入您的成绩：\n");
}
```

运行结果见图 1-17。

图 1-17 运行结果

三、编译、连接、运行程序(3)

实验步骤如下：

步骤一：输入以下程序，编译、连接并运行程序。

步骤二：观察所显示的内容。

步骤三：对程序做适当改变，再观察显示的内容。

```c
#include<stdio.h>
    void main( )
    {   printf(".............................              \n");
        printf("     ===电话订餐信息处理系统===     \n");
        printf("                                  \n");
        printf("   1----用户身份验证               \n");
        printf("                                  \n");
        printf("   2----查询                       \n");
        printf("                                  \n");
        printf("   3----修改                       \n");
        printf("                                  \n");
        printf("   4----显示                       \n");
        printf("                                  \n");
        printf("   5----退出                       \n");
        printf(".............................              \n");
    }
```

运行结果见图 1-18。

图 1-18　运行结果

四、编译、连接、运行程序(4)

实验步骤如下：

步骤一：输入以下程序，编译、连接并运行程序。

步骤二：观察输出结果。

步骤三：对程序做适当改变，再观察显示的内容。

```c
#include<stdio.h>
 void main( )
  {
     int a=3,b=4;                    //定义整型变量a，b，值分别是3和4
     printf("%d,%d\n",a,b);          //按要求格式输出数据
     printf("a=%d,b=%d\n",a,b);      //按要求格式输出数据
  }
```

运行结果见图 1-19。

图 1-19　运行结果

实验思考：

① 删除 ",b=4"，再编译程序，阅读错误提示，并根据错误提示进行修改。作为程序设计者，应该具备根据错误提示或程序运行结果，查找并修正程序中错误的能力。

② 删除 "=4"，编译并运行程序，观察程序的运行结果，并思考其原因。

③ printf（）函数所要显示的信息不仅可以是一个字符串，而且还可以是变量的值或数据。更有趣的是，它可以按照用户定义的某种格式输出。

④ 读者自己编写一个程序，要求可以在屏幕上分行显示出自己的姓名、学号、所在院系、所学课程和 E-mail 地址，发挥想象，使显示形式美观而不单调。

⑤ 读者自己编写程序，输出一个由 "*" 组成的菱形。

注意：

在进行程序设计时，应养成良好的程序设计风格：

① 一般一个语句占一行。

② 在程序中添加适当的注释。

③ 按照缩进格式书写程序。

单 元 测 试

在 Visual C++6.0 开发环境中，编辑并运行以下代码，查看结果。

```
#include<stdio.h>
main()
{
    printf("*****************************\n");
    printf("C Program!\n");
    printf("*****************************\n");
}
```

参考答案：

运行结果见图 1-20。

图 1-20　单元测试运行结果

第2章 C语言的基础知识

实验1 简单程序设计

【实验目的】

1. 掌握 C 语言的数据类型及整型、字符型和实型变量的定义方法。
2. 掌握不同的类型数据之间赋值的规律。
3. 掌握运算符和表达式的正确使用。
4. 掌握各种类型数据的输入/输出方法。

【实验内容】

一、计算圆面积和周长

给定圆半径，计算圆面积和周长（将圆周率定义为符号常量）。程序如下：

```
#include<stdio.h>
#include<math.h>
#define PI 3.14              //将圆周率定义为符号常量
main()
{ float r,c,s;
printf("请输入圆的半径:");
scanf("%f",&r);
c=2*PI*r;
s=PI*r*r;
printf("c=%f,s=%f",c,s);
}
```

运行结果：

请输入圆的半径：2✓

c=12.560000,s=12.560000

二、计算圆柱体的表面积和体积

给定圆柱体的半径和高，计算圆柱体的表面积和体积（将圆周率定义为符号常量）。

程序如下：

```
#include<stdio.h>
#include<math.h>
#define PI 3.14                          //将圆周率定义为符号常量
main()
{ float r,l,s,h,area,v;
printf("请输入圆柱的半径和高:");
scanf("%f%f",&r,&h);                     //输入的数值之间用空格键或回车键间隔
l=2*PI*r;
s=PI*r*r;
area=2*s+l*h;
v=s*h;
printf("圆柱表面积、体积为:\n%6.2f%6.2f\n",area,v);    //输出结果保留 2 位小数
}
```

运行结果：

请输入圆柱的半径和高： <u>2　5</u>↙

圆柱表面积、体积为：

87.92 　　 62.80

三、计算平均值

给定 3 个整数，计算它们的平均值（要求输出结果保留 3 位小数）。程序如下：

```
#include<stdio.h>
main()
{ int a,b,c;
float v;
printf("请输入整数 a,b,c:");
scanf("%d%d%d",&a,&b,&c);               //输入的数值之间用空格键或回车键间隔
v=(a+b+c)/3.0;                          //注意分母是 3.0 而不能写成 3
printf("平均值为:%.3f\n",v);             //输出结果保留 3 位小数
}
```

运行结果：

请输入整数 a,b,c： <u>2　3　4</u>↙

平均值为：3.000

四、输出负数的绝对值（要求调用库函数）

程序如下：

```
#include<stdio.h>
#include<math.h>                        //程序中要调用库函数
main()
```

```
{int a,i;
scanf("输入负数%d",&i);        //从键盘输入四个字：输入负数
a=abs(i);                    //调用库函数，求出负数的绝对值
printf("绝对值%d",a);
}
```
运行结果：

输入负数-8✓

绝对值 8

五、字母大小写转换

从键盘上输入任意小写字母，然后将该字母转换为对应的大写字母输出，并同时输出该小写字母的 ASCII 码值。程序如下：

```
#include<stdio.h>
main()
{int a;
 char i;
 scanf("%c",&i);             //输入任意小写字母
 a=i-32;                     //转换为对应的大写字母
printf("%c,%d",a,i);         //输出大写字母和该小写字母的 ASCII 码值。
}
```
运行结果：

a✓

A,97

六、将 2 个两位整数 a 和 b 合并形成一个整数放在 c 中并输出 c

合并方式：将 a 的十位和个位依次放在 c 的千位和十位上，b 的十位和个位依次放在 c 的个位和百位上。例如：a=45，b=12，c=4251。程序如下：

```
#include<stdio.h>
main()
{ int a,b,c;
float v;
printf("请输入整数 a,b:");
scanf("%d%d",&a,&b);                         //注意空格键或回车键间隔
c=(a/10)*1000+(a%10)*10+(b/10)+(b%10)*100;   //两个整数相除，结果取整数
printf("%d\n",c);
}
```

运行结果：

请输入整数 a,b：　45　12✓

4251

七、已知三角形的三条边长 a、b、c，求三角形面积

假设 a=3，b=4，c=5，可以组成一个三角形。程序如下：

```
#include<stdio.h>
#include<math.h>
main()
{ float a,b,c,s,area;
printf("依次输入 a,b,c: ");          //注意 a，b，c 可以组成一个三角形
scanf("%f%f%f,",&a,&b,&c);          //分别输入 3  4  5用空格键或回车键间隔
s=(1/2.0)*(a+b+c);
area = sqrt(s*(s-a)*(s-b)*(s-c));
printf("面积为：%f",area);
}
```

运行结果：

依次输入 a,b,c：　3　4　5✓

面积为：6.000000

八、编程求 $ax^2 + bx + c = 0$ 的根

a、b、c 由键盘输入，设 $b^2 - 4ac > 0$。程序如下：

```
#include <stdio.h>
#include <math.h>
void main( )
{ double a,b,c,d;
    printf("Enter a,b,c:");
    scanf("%lf%lf%lf",&a,&b,&c);          //假设分别输入 2  6  4用空格键或回车键间隔
    d=b*b-4*a*c;
    printf("x1=%0.2f\n",(-b+sqrt(D) )/(2*a));
    printf("x2=%0.2f\n",(-b-sqrt(D) )/(2*a));
}
```

运行结果：

Enter a,b,c：　2　6　4✓

x1=-1.00

x2=-2.00

九、输入一个华氏温度，要求输出摄氏温度

公式为 $c = 5(f-32)/9$。输出要有文字说明，取 2 位小数。程序如下：

```
#include<stdio.h>
main()
{ float f,c;
printf("请输入华氏温度:");
scanf("%f",&f);
c=5*(f-32)/9.0;              //注意分母是 9.0
printf("输出摄氏温度为:%.2f\n",c);
}
```

运行结果：

请输入华氏温度： 9↙

输出摄氏温度为： -12.78

十、计算总成绩和平均成绩

从键盘上输入 5 个学生的计算机成绩，计算并输出总成绩和平均成绩。程序如下：

```
#include<stdio.h>
main()
{ float a,b,c,d,e,s,v;
printf("请输入成绩:");
scanf("%f%f%f%f%f",&a,&b,&c,&d,&e);
s=a+b+c+d+e;
v=s/5.0;
printf("%.2f\n%.2f\n",s,v);
}
```

运行结果：

请输入成绩： 90 80 70 60 100↙

400.00

80.00

十一、输出各位整数

从键盘输入一个 3 位整数，将其个位、十位、百位上的数字分别输出来。程序如下：

```
#include<stdio.h>
main()
{ int a,b,c, v;
printf("请输入一个 3 位整数:");
scanf("%d",&v);
```

```
a=v%10;              //个位
b=v/10%10;           //十位
c=v/100;             //百位
printf("%d,%d,%d\n",a,b,c);
}
```

运行结果：

请输入一个 3 位整数：<u>234</u>✓

4,3,2

实验 2 阅读程序验证结果

【实验目的】

1. 进一步掌握整型、字符型和实型变量的定义方法。
2. 进一步掌握不同的类型数据之间赋值的规律。
3. 掌握自加（＋＋）和自减（--）运算符的使用。
4. 掌握各种类型数据的输入/输出方法。

【实验内容】

一、程序范例(1)

```
#include<stdio.h>
void main()
{    int x=6;
     x-=x*=x+x;
     printf("%d\n",x);
}
```

运行结果：

0

二、程序范例(2)

```
#include<stdio.h>
void main()
{    int x;
     x=15;
```

```
    printf("x=%d\n",++x);
    printf("x=%d\n",x++);
    printf("x=%d\n",x);
}
```

运行结果：

x=16

x=16

x=17

三、程序范例(3)

```
#include<stdio.h>
void main()
{    int a,b;
    a=1;
    b=2;
    b=a++*++b;
    printf("a=%d\n",a);
    printf("b=%d\n",b);
}
```

运行结果：

a=2

b=3

四、程序范例(4)

```
#include<stdio.h>
void main()
{int a,b,c;
 a=5;
 b=3;
 c=a>b ? a+b:a-b;
 printf("c=%d\n",c);
}
```

运行结果：

c=8

五、程序范例(5)

```
#include<stdio.h>
void main()
{int a,b;
a=1;
b=(a++,a+3,a*5);
printf("a=%d,b=%d\n",a,b);
}
```

运行结果：

a=2,b=10

六、程序范例(6)

```
main( )
{int x=102,y=012;
 printf("%2d,%2d\n",x,y);
}
```

运行结果：

102,10

七、程序范例(7)

```
main( )
{ char ch1,ch2;
  ch1='A'+'4'-'2';
  ch2='A'+'7'-'3';
  printf("%d,%c\n",ch1,ch2);
}
```

运行结果：

67,E

八、程序范例(8)

```
#include<stdio.h>
main( )
{char c1,c2,c3;
 c1='a';c2='b';c3='c';
 putchar(c1);
 putchar(c2);
 putchar(c3);
}
```

运行结果：

abc

实验思考：

① 公式 c=5/9*(f-32) 与 c=5.0/9.0*(f-32)的计算结果区别在哪里？

② 公式 c=b/2*a 与 c=b/(2*a)计算的结果为什么不同？要求掌握在 C 语言中正确书写运算符和表达式的方法。

③ 整型与字符型数据可以互相通用的条件：在 0～255 之间的字符型数据和整型数据可以通用，即一个字符数据既可以以字符形式输出，也可以以整数形式输出，还可以互相赋值。

④ 字符常量与字符串常量的区别。

单 元 测 试

1. 下列不是 C 语言基本数据类型的是（   ）。

  (A) 指针类型　　　　(B) 无符号长整型　　　(C) 单精度型　　　(D) 整型

2. sizeof(double)是（   ）。

  (A) 一个字符表达式　　　　(B) 一个双精度型表达式

  (C) 一个整型表达式　　　　(D) 一个不合法的表达式

3. 字符型常量在内存中存放的是该字符对应的（   ）。

  (A) ASCII 代码值　　　　(B) 十进制代码值

  (C) BCD 代码值　　　　　(D) 内部码值

4. 已定义 C 为字符型变量，则下列语句中正确的是（   ）。

  (A) c='97'　　　(B) c="a"　　　(C) c=97　　　(D) c='\97'

5. 以下字符中，不正确的 C 语言转义字符是（   ）。

  (A) '\t'　　　(B) '\011'　　　(C) '\n'　　　(D) '\018'

6. 设有语句 int b='\123'，则变量 b 包含的字符数是（   ）。

  (A) 4　　　(B) 3　　　(C) 2　　　(D) 1

7. 字符串"\\012\012"在内存中占有的字节数是（   ）。

  (A) 9　　　(B) 10　　　(6)6　　　(D) 1

8. 字符串"\\\"ABC\"\\"的长度是（   ）。

  (A) 11　　　(B) 7　　　(C) 5　　　(D) 3

9. 以下叙述正确的是（   ）。

  (A) 在 C 程序中无论是整数还是实数，只要在允许的范围内都能准确无误地表示出来

  (B) 有八进制的实型常量

  (C) 整型和字符型在一定的范围内能通用

  (D) 常量'a'和"a"是相同的

10. C 语言中运算对象必须是整型的运算符是（　　）。

　　(A)！　　　　(B) **　　　　(C) %　　　　(D) /

11. 若定义 a 和 b 为 float 类型，当 a=1 时，b=a+7/5 的值是（　　）。

　　(A) 2.0　　　(B) 2　　　　(C) 2.5　　　　(D) 1

12. C 语句 x*=y+2; 可以写作（　　）。

　　(A) x=x*y+2;　　(B) x=2+y*x;　　(C) x=x*(y+2);　　(D) x=y+2*x;

13. 若变量已正确定义并赋值，合法的 C 语言表达式是（　　）。

　　(A) a:=b+1　　　(B) a=b=c+2　　　(C) int 18.5%3　　　(D) a=b+3=c+4

14. 下面不正确的赋值语句是（　　）。

　　(A) x=j>0;　　　(B) j++;　　　(C) ++(i+1);　　　(D) n=(i=2,++i);

15. 以下选项中，与"k=n++"完全等价的表达式是（　　）。

　　(A) k=n,n=n+1;　　(B) n=n+1,k=n;　　(C) k=++　　　(D) k+=n+1

16. 下列 C 语句中不正确的是（　　）。

　　(A) x=y=3;　　　(B) x=3:y=3;　　　(C) int x,y;　　　(D) x=3,y=3;

17. 若 int a,b,c; 则表达式"a=2,b=5,b++,a+b"的值是（　　）。

　　(A) 7　　　　(B) 8　　　　(C) 6　　　　(D) 2

18. 设有　int x=11; 则表达式"x++*1/3"的值是（　　）。

　　(A) 3　　　　(B) 4　　　　(C) 11　　　　(D) 12

19. 若有以下定义"char　a;　int b;　float　c;　double　d;"，则表达式"a*b+d-c"值的类型是（　　）。

　　(A) char　　　(B) double　　(C) float　　(D) int

20. 判断 char 型变量 ch 是否为数字的表达式是（　　）。

　　(A) 0<=ch<=9　　　　　(B) ('0'<=ch)&&(ch<='9')

　　(C) (ch>'0')&&(ch<'9')　　(D) ('0'<=ch)||(ch<='9')

21. 为表示关系 x≥y≥z，应使用 C 语言表达式（　　）。

　　(A) (x>=y)&&(y>=z)　　　(B) (x>=y)AND(y>=z)

　　(C) (x>=y>=z)　　　　　(D) (x>=y)&(y>=z)

22. 以下选项中，非法的字符常量是（　　）。

　　(A) '\t'　　　(B) '\17'　　　(C) "n"　　　(D) '\xaa'

23. 以下选项中不属于 C 语言的类型的是（　　）。

　　(A) signed short int　　(B) unsigned long int　　(C) unsigned int　　(D) long short

24. 以下选项中合法的字符常量是（　　）。

　　(A) "B"　　　(B) '\010'　　　(C) 68　　　　(D) D

25. 以下有 4 组用户标识符，其中合法的一组是（　　）。

　　(A) for　　　(B) 4d　　　　(C) f2_G3　　　(D) if

26. 用十进制数表示表达式：12/012 的运算结果是（　　）。

　　(A) 1　　　　(B) 0　　　　(C) 14　　　　(D) 12

27. 在 16 位 C 编译系统上，若定义"long a;"，则能给 a 赋 40000 的正确语句是（　　）。

　　(A) a=20000+20000;　(B) a=4000*10;　(C) a=30000+10000;　(D) a=4000L*10L;

28. 在 C 语言中，合法的基本整型常数是（　　）。

    (A) 12　　　　(B) 49.6271　　　　(C) 324562&　　　　(D) 216X

29. 在 C 语言中，合法的字符常量是（　　）。

    (A) '\084'　　　　(B) '\x43'　　　　(C) 'ab'　　　　(D) "\0"

30. 运算完下面的 C 语言程序段以后，a、b、c 的值分别是（　　）。

    int x=10,y=9;

    int a,b,c;

    a=(--x==y++)?--x:++y;

    b=++x; c=y;

    (A) 6　9　13　　　　(B) 8　7　11　　　　(C) 8　9　10　　　　(D) 8　7　10

31. 下列运算符其优先级最高的是（　　）。

    (A) ||　　　　　　(B) &&　　　　　　(C) +　　　　　　(D) =

32. 设有说明语句"char a='\72';"，则变量 a（　　）。

    (A) 包含 1 个字符　　(B) 包含 2 个字符　　(C) 包含 3 个字符　　(D) 说明不合法

33. 下列变量定义中合法的是（　　）。

    (A) short _a=1.le-1;　　　　　　(B) double b=1+5e2.5;

    (C) long do=0xfdaL;　　　　　　(D) float 2_and=1-e-3;

34. 下列标识符中不合法的是（　　）。

    (A) s_name　　(B) _e　　　　(C) fox　　　　(D) 3DS

35. 下列不正确的转义字符是（　　）。

    (A) '\\'　　　　(B) '\"　　　　(C) '074'　　　　(D) '\0'

36. 设 int a=12，则执行完语句"a+=a-=a*a"后，a 的值是（　　）。

    (A) 552　　　　(B) 264　　　　(C) 144　　　　(D) -264

37. 设 x、y、z 和 k 都是 int 型变量，则执行表达式 "x=(y=4,z=16,k=32)"后，x 的值为（　　）。

    (A) 4　　　　(B) 16　　　　(C) 32　　　　(D) 52

38. 设 x 和 y 均为 int 型变量，则语句"x+=y;y=x-y;y=x-y;x-=y;"的功能是（　　）。

    (A) 把 x 和 y 按从大到小排列　　(B) 把 x 和 y 按从小到大排列

    (C) 无确定结果　　　　　　　　　(D) 交换 x 和 y 中的值

39. 设有"int x=11;"，则表达式"x++ * 1/3"的值是（　　）。

    (A) 3　　　　(B) 4　　　　(C) 11　　　　(D) 12

40. 设有变量定义"int i =8,k ,a,b ; unsigned long w=5; double x=1.42,y=5.2;"，则以下符合 C 语言语法的表达式是（　　）。

    (A) a+=a-=(b=4)*(a=3)　　(B) x%(-3);　　(C) a=a*3=2　　(D) y=float(i)

参考答案：

1. A　2. C　3. A　4. C　5. D　6. D　7. C　8. B　9. C　10. C　11. A　12. C

13. B　14. C　15. A　16. B　17. B　18. A　19. B　20. B　21. A　22. C　23. D

24. B　25. C　26. A　27. D　28. A　29. B　30. C　31. C　32. A　33. A　34. D

35. C　36. D　37. C　38. D　39. A　40. A

第3章　C语言程序设计基本结构

实验1　顺序结构程序设计

【实验目的】

1. 掌握 C 语言中赋值语句的使用方法。
2. 掌握各种格式转换方法。
3. 掌握顺序结构程序的设计方法。

【实验内容】

一、各种格式的转换

（一）程序一

```
main()
{int a=15;
    float b=123.1234567;
    char d='p';
    printf("a=%d,%5d,%o,%x\n",a,a,a,a);
    printf("b=%f,%lf,%5.4lf,%e\n",b,b,b,b);
    printf("d=%c,%8c\n",d,d);
}
```

运行结果：

```
a=15,      15,17,f
b=123.123459,123.123459,123.1235,1.231235e+002
d=p,        p
```

（二）程序二

当从键盘输入 1,2,3 并回车后，观察各种格式转换和程序的运行结果。

```
main()
{ int a,b,c;
    printf("input a,b,c\n");
    scanf("%d,%d,%d",&a,&b,&c);
```

```
    printf("a=%d,b=%d,c=%d",a,b,c);
}
```
运行结果：

input a,b,c

输入：1,2,3✓

a=1,b=2,c=3

实验思考：

试一下，当输入的时候，将 1,2,3 之间的逗号去掉，结果会怎样？

二、不同输入格式的运行结果

当从键盘用不同格式输入 a 和 b 并回车后，观察程序的运行结果。

```
main()
{ char a,b;
    printf("input character a,b\n");
    scanf("%c%c",&a,&b);
    printf("%c%c\n",a,b);
}
```
第 1 次运行结果：

input character a,b

输入：ab✓(注意：a 和 b 连续输入，之间没有空格间隔)

ab

第 2 次运行结果：

input character a,b

输入：a　b✓(注意：a 和 b 之间按 1 次空格键)

a

实验思考：

① 用%c 格式输入，a 和 b 之间是否按空格键，其结果为什么不同？

② 用%d 格式输入数据时，a 和 b 之间是否按空格键，其结果又是怎样？

三、不同输出格式的运行结果

用 getchar 函数读入两个字符给 c1,c2，然后分别用 putchar 函数和 printf 函数输出这两个字符，观察不同输出格式的运行结果。

```
main()
{char c1,c2;
    printf("请输入两个字符 c1,c2:\n");
    c1=getchar();
    c2=getchar();
```

```
    printf("用 putchar 输出结果为:\n");
    putchar(c1);
    putchar(c2);
    printf("\n");
    printf("用 printf 输出结果为:\n");
    printf("%c,%c\n",c1,c2);
}
```

运行结果:

请输入两个字符 c1,c2

输入: qw↙（注意: 两个字母之间不要有空格!）

用 putchar 输出结果为:

qw

用 printf 输出结果为:

q,w

四、scanf 函数的运用

（一）用 scanf 函数输入数据，使 a=10,b=20,c1='A',c2='a'

```
#include<stdio.h>
main()
{ int a,b;
  char c1,c2;
  scanf("%d%d%c%c",&a,&b,&c1,&c2);
  printf("a=%d,b=%d,c1=%c,c2=%c\n",a,b,c1,c2);
}
```

运行结果:

输入 10　20Aa↙（注意: 数据和字符的输入格式）

a=10, b=20,c1=A,c2=a

（二）用 scanf 函数输入数据，使 a=3,b=7,x=8.5,y=71.82,c1='A',c2='a'

```
#include <stdio.h>
int main()
{int a,b;
  float x,y;
  char c1,c2;
  scanf("a=%d b=%d",&a,&b);
  scanf("%f %e",&x,&y);
  scanf("%c%c",&c1,&c2);
  printf("a=%d,b=%d,x=%f,y=%f,c1=%c,c2=%c\n",a,b,x,y,c1,c2);
```

```
    return 0;
    }
```
运行结果见图 3-1。

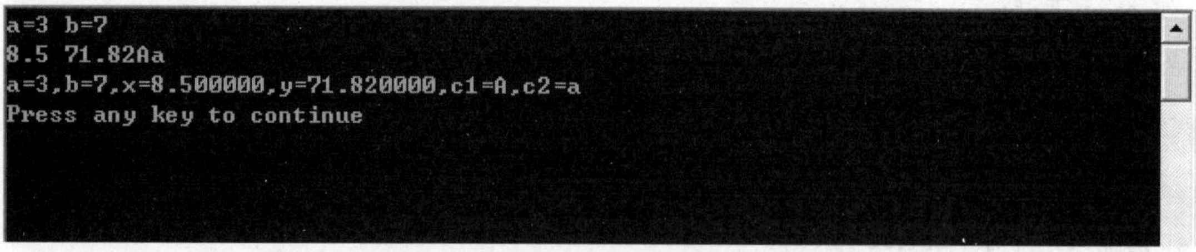

```
a=3  b=7
8.5  71.82Aa
a=3,b=7,x=8.500000,y=71.820000,c1=A,c2=a
Press any key to continue
```

图 3-1　运行结果

五、分析下面程序的运行结果

```c
#include <stdio.h>
int main()
{char    c1,c2;
 c1=97;
 c2=98;
 printf("c1=%c,c2=%c\n",c1,c2);
 printf("c1=%d,c2=%d\n",c1,c2);
 return 0;
}
```
运行结果：

c1=a,c2=b

c1=97,c2=98

实验思考：

① 如果将程序第 4，5 行改为

c1=197;

c2=198;

运行时会输出什么信息？为什么？

② 如果将程序第 3 行改为

int c1,c2;

运行时会输出什么信息？为什么？

程序如下：

```c
#include <stdio.h>
int main()
{int c1,c2;
 c1=197;
 c2=198;
```

```
printf("c1=%c,c2=%c\n",c1,c2);
printf("c1=%d，c2=%d\n",c1,c2);
return 0;
}
```

运行结果见图 3-2。

```
c1=?c2=?
c1=197, c2=198
Press any key to continue_
```

图 3-2　运行结果

六、设置密码

（一）程序一

将"china"译成密码，规律为：用原来的字母后面第 4 个字母代替原来的字母。程序如下：

```
#include "stdio.h"
int main( )
{ char   a1='c', a2='h', a3='i', a4='n', a5='a';
    a1=a1+4;
    a2=a2+4;
    a3=a3+4;
    a4=a4+4;
    a5=a5+4;
    printf("密码为：%c%c%c%c%c",a1,a2,a3,a4,a5);
  return(0);
}
```

运行结果：

密码为：glmre

（二）程序二

若将"stdio"译为"wxhms"，程序如下：

```
#include "stdio.h"
int main( )
    { char   a1='s', a2='t', a3='d', a4='i', a5='o';
        a1=a1+4;
        a2=a2+4;
        a3=a3+4;
        a4=a4+4;
```

```
        a5=a5+4;
        printf("密码为：%c%c%c%c%c",a1,a2,a3,a4,a5);
        return(0);
    }
```
运行结果：

密码为：wxhms

实验思考：

1. 将程序改为用 scanf 输入数据，运行结果如何？
2. 理解变量在 C 语言中的"先定义，后使用"这一规则，即先有了才可用，没有不可用。

实验 2　选择结构程序设计

【实验目的】

1. 了解关系运算符、逻辑运算符的运算规则。
2. 了解 C 语句逻辑量的表示（0 代表"假"， 1 代表"真"）。
3. 掌握 if、if-else、switch 语句的使用方法。

【实验内容】

一、if、if-else、switch 语句的使用方法

（一）判断字符大小写

输入一个字符，判别它是否大写字母，如果是，将它转换成小写字母；如果不是，不转换。然后输出最后得到的字符。程序如下：

```
#include <stdio.h>
main()
{ char c;
  c=getchar();
  if(c>='A'&&c<='Z')   c=c+32;
  putchar(C) ;
}
```
运行结果：

A↙

a

（二）求方程的根

求方程 $ax^2+bx+c=0$ 的根，其中 a、b、c 由键盘输入。若 $b^2-4ac\geq0$，计算并输出方程的两个实根；否则输出"方程无实根"的信息。程序如下：

```
#include <stdio.h>
#include <math.h>
void main( )
{ double a,b,c,d;
  printf("Enter a,b,c:");
  scanf("%lf%lf%lf",&a,&b,&c);
  d=b*b-4*a*c;
  if(a==0)
      {if(b==0)
        {if(c==0)
            printf("参数都为零，方程无意义！\n");
        else
          printf("a和b为0，c不为0，方程不成立！\n");
        }
      else
        printf("x=%0.2f\n",-c/b);
      }
  else
      if(d>=0)      { printf("x1=%0.2f\n",(-b+sqrt(D) )/(2*a));
                      printf("x2=%0.2f\n",(-b-sqrt(D) )/(2*a));
                    }
      else          printf("方程无实根 i\n");
}
```

运行结果：

Enter a,b,c:2　6　4↙

x1=-1.00

x2=-2.00

（三）数字排序

输入 3 个数 a、b、c，要求按由小到大的顺序输出。程序如下：

```
#include <stdio.h>
void main ( )
{ int a,b,c,t;
printf("please input a,b,c:");
scanf("%d%d%d",&a,&b,&c);
```

```
printf("a=%d,b=%d,c=%d\n",a,b,c);
if(a>b)
{t=a; a=b; b=t; }
if(a>c)
{t=a; a=c; c=t; }
if(b>c)
{t=b; b=c; c=t; }
printf("%d,%d,%d\n",a,b,c);
}
```

运行结果：

please input a,b,c:<u>5   9   6</u>↙

a=5,b=9,c=6

5,6,9

（四）函数计算

编程计算分段函数：$y=\begin{cases} x & (x<1) \\ 2x-1 & (1\leqslant x<10) \\ 3x-11 & (x\geqslant10) \end{cases}$。程序如下：

```
#include <stdio.h>
int main()
{ int x,y;
   printf("输入 x:");
   scanf("%d",&x);
   if(x<1)
   { y=x;
     printf("x=%d, y=%d\n" ,x,y);
     }
   else   if(1<=x&&x<10)
     { y=2*x+1;
      printf("x=%d, y=%d\n",x,y);
     }
     else
     { y=3*x-11;
      printf("x=%d,   y=%d\n",x,y);
     }
   return 0;
}
```

运行结果：

输入 x：<u>10</u>↙

x=10,   y=19

（五）输出成绩等级

输入某学生的考试成绩，根据等级分类规则，输出相应的成绩等级。

等级分类：90 分以上（包括 90 分）为 A，80 分以上（包括 80 分）为 B，70 分以上（包括 70 分）为 C，60 分以上（包括 60 分）为 D，60 分以下为 E。分别应用 if 语句和 switch 语句编程。

1. 用 if 语句

程序如下：

```
#include <stdio.h>
void main ( )
{ int score;
char grade;
printf("\n please input a student score:");
scanf("%d",&score);
if(score>100||score<0) printf("\n input error!");
  else
{ if(score>=90) grade='A';
   else
   {if(score>=80) grade='B';
    else
    {if(score>=70) grade='C';
       else
       {if(score>=60) grade='D';
         else grade='E';
       }
    }
   }
   printf("\n the student grade :%c\n",grade);
  }
}
```

运行结果见图 3-3。

```
please input a student score:98

the student grade :A
Press any key to continue_
```

图 3-3　运行结果

2. 用 switch 语句

程序如下：

```
#include <stdio.h>
```

```
void main ( )
{ int g,s;
  char ch;
  printf("\n please input a student score:");
  scanf("%d",&g);
  s=g/10;
  if(s<0||s>10) printf("\n input error!");
    else
    { switch (s)
    {case 10:
    case 9: ch='A';break;
    case 8: ch='B';break;
    case 7: ch='C';break;
    case 6: ch='D';break;
    default: ch='E';
    }
  printf("\n the student grade :%c\n",ch);
  }
}
```

运行结果见图 3-3。

（六）判断某一年是否闰年

程序如下：

```
#include <stdio.h>
void main()
{ int year,result=0;
printf("输入一个年份：\n");
scanf("%d",&year);
if(year%100==0)
{   if(year%400==0)    result=1; }
else if(year%4==0)   result=1;
if(result==1)
printf("\n%d 是闰年",year);
else   printf("\n%d 不是闰年",year);
}
```

运行结果：

2015✓

2015 不是闰年

（七）设计一个简易计算器程序

编程设计一个简易计算器程序，根据用户从键盘输入的表达式

操作数 1　运算符　操作数 2

计算表达式的值并输出结果。指定的运算符为加（＋）、减（-）、乘（＊）、除（/）。例如：运行程序时输入 3*4 后，输出结果为 3*4=12。程序如下：

```
#include <stdio.h>
void main()
{ int x,y;
char c;
printf("输入表达式：\n");
scanf("%d%c%d",&x,&c,&y);
switch(C)
{case'+': printf("\n%d+%d=%d",x,y,x+y); break;
case'-': printf("\n%d-%d=%d",x,y,x-y);break;
case'*': printf("\n%d*%d=%d",x,y,x*y);break;
case'/': printf("\n%d/%d=%d",x,y,x/y);
}
}
```

运行结果：

3*4↙

3*4=12

二、编程练习

对一个不多于 5 位数的正整数，要求：

① 求它是几位数。

② 分别输出每一个数字。

③ 按逆序输出各位数字，例如：原数为 321，输出为 123。

程序如下：

```
#include <stdio.h>
#include <math.h>
int main()
{ int  num,indiv,ten,hundred,thousand,ten_thousand,place; //分别代表个位,十位,百位,千位,
                                                          万位和位数
    printf("请输入一个整数(0-99999):");
    scanf("%d",&num);
    if (num>9999)
        place=5;
    else    if (num>999)
```

```
            place=4;
    else    if (num>99)
            place=3;
    else    if (num>9)
            place=2;
    else place=1;
    printf("位数:%d\n",place);
    printf("每位数字为:");
    ten_thousand=num/10000;
    thousand=(int)(num-ten_thousand*10000)/1000;
    hundred=(int)(num-ten_thousand*10000-thousand*1000)/100;
    ten=(int)(num-ten_thousand*10000-thousand*1000-hundred*100)/10;
    indiv=(int)(num-ten_thousand*10000-thousand*1000-hundred*100-ten*10);
    switch(place)
      {case 5:printf("%d,%d,%d,%d,%d",ten_thousand,thousand,hundred,ten,indiv);
          printf("\n 反序数字为:");
          printf("%d%d%d%d%d\n",indiv,ten,hundred,thousand,ten_thousand);
          break;
       case 4:printf("%d,%d,%d,%d",thousand,hundred,ten,indiv);
          printf("\n 反序数字为:");
          printf("%d%d%d%d\n",indiv,ten,hundred,thousand);
          break;
       case 3:printf("%d,%d,%d",hundred,ten,indiv);
          printf("\n 反序数字为:");
          printf("%d%d%d\n",indiv,ten,hundred);
          break;
       case 2:printf("%d,%d",ten,indiv);
          printf("\n 反序数字为:");
          printf("%d%d\n",indiv,ten);
          break;
       case 1:printf("%d",indiv);
          printf("\n 反序数字为:");
          printf("%d\n",indiv);
          break;
       }
    return 0;
    }
```

运行结果见图 3-4。

图 3-4　运行结果

实验思考：

① 总结实验中所出现的问题及解决方法。

② 总结多分支结构中何时使用 if 语句嵌套，何时使用 switch 语句。

③ 调试练习，找出下列程序的错误并改正。

● 调试程序一：

```c
#include <stdio.h>
void main(void)
{double x, y;
 printf("Enter x: ");
 scanf("=%f", x);
 if(x != 0)
   { y = 1 / x    }
     else
   { y = 0; }
   printf("f(%.2f) = %.1f\n", x, y);
}
```

● 调试程序二：

```c
#include <stdio.h>
void main( )
{char sign;
 int x,y;
 printf("输入 x 运算符 y: ");
 scanf("%d%c%d", &x, &sign, &y);
 if(sign='*')
   printf("%d * %d = %d\n",x,y,x*y);
 else if(sign='/')
   printf("%d / %d = %d\n",x,y,x/y);
 else if(sign='%')
   printf("%d Mod %d = %d\n",x,y,x%y);
 else
   printf("运算符输入错误！\n");
}
```

实验 3 循环结构程序设计（一）

【实验目的】

1. 掌握用 while、do-while、for 语句实现循环的方法。
2. 掌握 break 和 continue 语句的使用。

【实验内容】

一、while、do-while、for 语句的使用方法

（一）求最大公约数和最小公倍数

输入两个正整数 num1 和 num2，求其最大公约数和最小公倍数。程序如下：

```
main()
{int a,b,num1,num2,temp;
scanf("%d,%d",&num1,&num2);        //两个数据之间用逗号间隔
if(num1<num2)
{temp=num1;
num1=num2;
num2=temp;
}
a=num1;b=num2;
while(b!=0)
{temp=a%b;
a=b;
b=temp;
}
printf("gongyueshu:%d\n",a);
printf("gongbeishu:%d\n",num1*num2/a);
}
```

运行结果：

<u>4,8↙</u>

gongyueshu:4

gongbeishu:8

（二）输出数列

输出 Fibonacci 数列：1,1,2,3,5,8,13,…的前 40 个数，每行输出 4 个数。程序如下：

```
main()
{ long f1,f2;
 int i;
 f1=f2=1;
 for(i=1;i<=20;i++)
   { printf("%12ld %12ld",f1,f2);        //计算前 40 项的，每次输出两项
       if(i%2==0) printf("\n");          //控制输出，每行四个
       f1=f1+f2;
       f2=f1+f2;
   }
   }
```

（三）输出闰年

输出 2000 年～2100 年中所有的闰年，每输出三年换一行。程序如下：

```
#include <stdio.h>
   void main()
   { int year,n=0;
   for(   year=2000; year<=2100;year++)
    {if(year%4==0&&year%100!=0||year%400==0)
       {printf("\n%d 是闰年",year);
           n++;
         if(n%3==0)
         printf("\n");
       }
     }
   }
```

（四）输出图形

1. 程序一

输出如下图形：

```
#######
 #####
  ###
   #
```

程序如下：

```
main()
{int i,j,k;
for(i=0;i<=3;i++)
```

```
{for(j=0;j<=i;j++)
printf(" ");
for(k=0;k<=6-2*i;k++)
printf("#");
printf("\n");
}
}
```

2. 程序二

请输入 n 值，编写程序输出下列图形（例如 n=5）：

```
0   2   4   6   8
2   4   6   8   0
4   6   8   0   2
6   8   0   2   4
```

程序如下：

```
main()
{int i,j,k,n;
scanf("%d",&n);
for(i=0;i<n-1;i++)
{for(j=0;j<n;j++)
printf("%3d ",2*((j+i)%n));
printf("\n");
}
}
```

（五）编程练习

1. 程序一

统计一个正整数的各位数字中'0'、'1'、'2'的个数。程序如下：

```
main()
{int n,c1=0,c2=0,c3=0,t;
scanf("%d",&n);
do
{t=n%10;
 switch(t)
 {case 0:c1++;break;
 case 1:c2++;break;
 case 2:c3++;
 }
```

```
 n=n/10;
}while(n);
printf("0 的个数  %d,1 的个数%d,2 的个数%d",c1,c2,c3);
}
```

运行结果：

<u>2015↙</u>

0 的个数 1,1 的个数 1,2 的个数 1

2. 程序二

用 100 元买 100 斤菜，A 菜 5 元一斤，B 菜 3 元一斤,C 菜 1 元 3 斤。求三种菜各买几斤。程序如下：

```
main()
{int i,j,k;
for(i=0;i<=100;i++)
   for(j=0;j<=100;j++)
     for(k=0;k<=100;k++)
       if((i+j+k)==100&&5*i+3*j+k/3==100&&k%3==0)
         printf("A%3d ,B%3d,C%3d\n",i,j,k);
}
```

3. 程序三

输入一个数，判断其是否为质数（素数）。程序如下：

```
#include "math.h"
main()
{ int m,i;
scanf("%d",&m);
for(i=2;i<=m-1;i++)
if(m%i==0) break;
if(i==m)
printf("\n %d 是素数",m);
else printf("\n %d 不是素数",m);
 }
```

运行结果：

<u>13↙</u>

13 是素数

4. 程序四

编程输出 2～100 之间的所有质数（素数）。程序如下：

```
#include <stdio.h>
 void main ( )
 {int k,i,tag,sum=0;
  for(i=2;i<=100;i++)
```

```
{tag=0;
  for(k=2;k<=i/2;k++)
      if(i%k==0)
        tag=1;
      if(tag==0)
        {sum++;
        printf("%10d",i);
        if(sum%5==0)
          printf("\n");
        }
      }
    }
  }
```

运行结果见图 3-5。

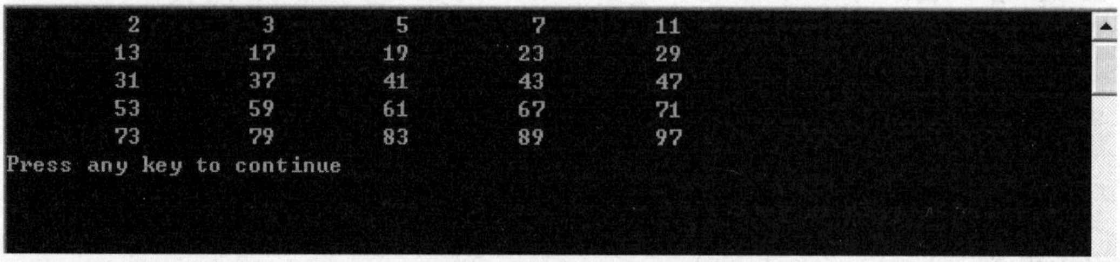

图 3-5　运行结果

5. 程序五

打印九九表。程序如下：

```
#include "stdio.h"
main()
{int i,j,result;
  for (i=1;i<10;i++)
  { for(j=1;j<=i;j++)
  {result=i*j;
  printf("%d*%d=%-3d",i,j,result);
  }
  printf("\n");            //换行
  }
}
```

二、break 和 continue 语句的使用方法

① 运行下面程序，分析运行结果。观察变量 m 和 n 分别控制的行和列数，观察变量 p 的作用是什么？

```
#include <stdio.h>
main ( )
{ int m,n,p=0;
  for(m=1;m<=4;m++)
   for(n=1;n<=5;n++,p++)
    { if (p%5==0)
       printf("\n");
      printf("%d\t",m*n);
    }
  printf("\n");
  return 0;
}
```

运行结果见图 3-6。

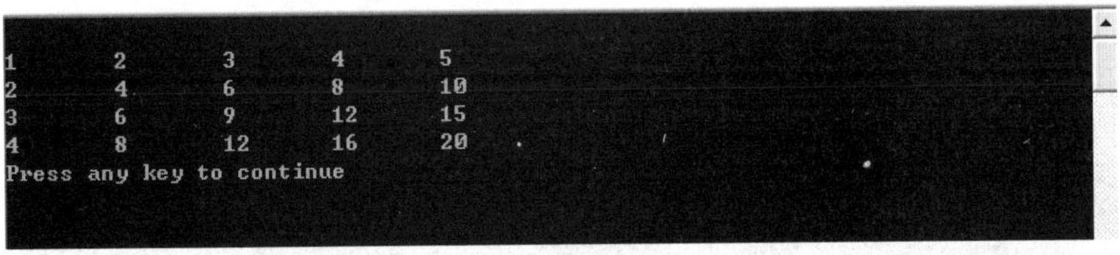

图 3-6　运行结果

② 将程序修改后运行如下程序，分析 break 的作用以及运行结果。

```
#include <stdio.h>
main ( )
{ int m,n,p=0;
  for(m=1;m<=4;m++)
   for(n=1;n<=5;n++,p++)
    { if (p%5==0)
       printf("\n");
      if(m==3&&n==1) break;   //遇到 3 行 1 列，结束内循环
      printf("%d\t",m*n);
    }
  printf("\n");
  return 0;
}
```

运行结果见图 3-7。

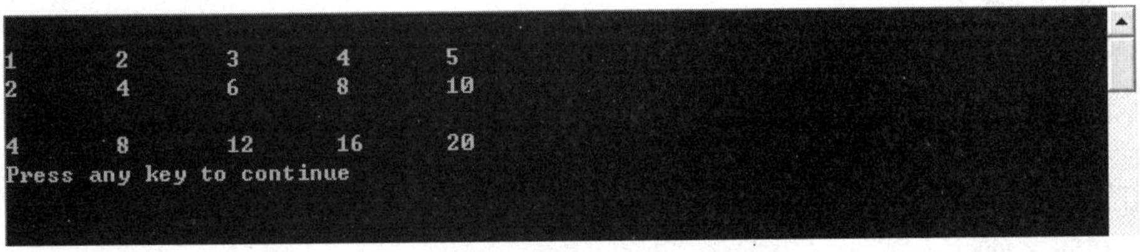

图 3-7　运行结果

③ 将程序修改后运行如下程序，分析 continue 的作用是什么？分析运行结果。

```c
#include <stdio.h>
main ( )
{ int m,n,p=0;
  for(m=1;m<=4;m++)
   for(n=1;n<=5;n++,p++)
    { if (p%5==0)
      printf("\n");
     if(m==3&&n==1) continue;       //遇到 3 行 1 列，终止本次内循环
     printf("%d\t",m*n);
    }
  printf("\n");
  return 0;
}
```

运行结果见图 3-8。

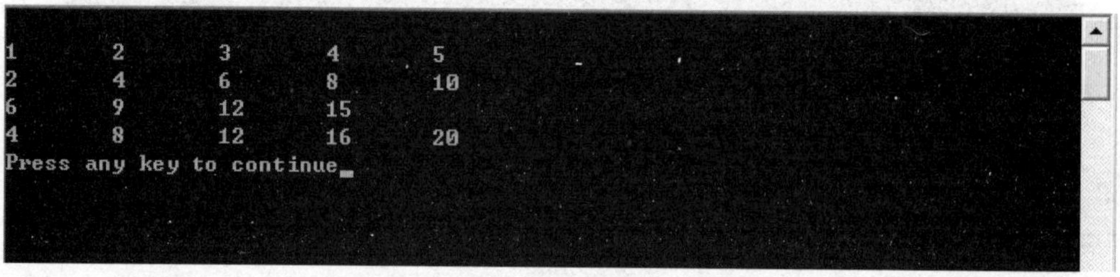

图 3-8 运行结果

实验 4 循环结构程序设计（二）

【实验目的】

1. 进一步掌握用 while、do-while、for 语句实现循环的方法。
2. 进一步掌握 break 和 continue 语句的使用。

【实验内容】

一、比较几种循环语句

使用三种循环语句编程求 1+2+3+…+100 的和。分析三种方法的程序运行结果和三种循环语句的共同之处。

（一）使用 while 循环语句

程序如下：

```
#include <stdio.h>
void main ( )
{ int i=1;int sum=0;
   while(i<=100)
   {sum+=i;
     i++;
     }
  printf("1+2+3+...+100=%d\n",sum);
}
```

运行结果：

1+2+3+...+100=5050

（二）使用 do – while 循环语句

程序如下：

```
#include <stdio.h>
void main ( )
{ int i=1;int sum=0;
  do
  {sum+=i;
    i++;
    }
  while(i<=100);
  printf("1+2+3+...+100=%d\n",sum);
}
```

运行结果：

1+2+3+...+100=5050

（三）使用 for 循环语句

程序如下：

```
#include <stdio.h>
void main ( )
{ int i, sum=0;
  for(i=1;i<=100;i++)
    sum+=i;
  printf("1+2+3+...+100=%d\n",sum);
}
```

运行结果：

1+2+3+...+100=5050

二、编程练习

（一）程序一

输入一行字符，按回车键结束输入，分别统计出其中英文字母、空格、数字和其他字符的个数。程序如下：

```c
#include <stdio.h>
int main()
{
    char c;
    int letters=0,space=0,digit=0,other=0;
    printf("请输入一行字符:\n");
    while((c=getchar())!='\n')
    {
        if (c>='a' && c<='z' || c>='A' && c<='Z')        //判断是字母
            letters++;
        else if (c==' ')                                 //判断是空格
            space++;
        else if (c>='0' && c<='9')                       //判断是数字
            digit++;
        else
            other++;                                     //判断是其他
    }
    printf("字母数:%d\n 空格数:%d\n 数字数:%d\n 其他字符数:%d\n",letters,space, digit,other);
    return 0;
}
```

运行结果见图 3-9。

图 3-9　运行结果

（二）程序二

求 1!+2!+3!+…20!，程序如下：

```c
#include <stdio.h>
int main()
```

```
{double s=0,t=1;
 int n;
 for (n=1;n<=20;n++)
  {
   t=t*n;    //累乘
   s=s+t;    //累加
  }
 printf("1!+2!+...+20!=%22.15e\n",s);
 return 0;
}
```

运行结果：

1!+2!+...+20!=2.561327494111820e+018

（三）程序三

求 $\sum_{k=1}^{100} k + \sum_{k=1}^{50} k^2 + \sum_{k=1}^{10} \frac{1}{k}$。程序如下：

```
#include <stdio.h>
int main()
 {
 int k,n1=100,n2=50,n3=10;
 double s1=0,s2=0,s3=0;
 for (k=1;k<=n1;k++)      //计算 1 到 100 的和
   {s1=s1+k;}
 for (k=1;k<=n2;k++)      //计算 1 到 50 各数的平方和
   {s2=s2+k*k;}
 for (k=1;k<=n3;k++)      //计算 1 到 10 的各倒数和
   {s3=s3+1/k;}
 printf("sum=%15.6f\n",s1+s2+s3);
 return 0;
 }
```

运行结果：

sum=　　47977.928968

（四）程序四

用 π/4≈1-1/3+1/5-1/7+⋯公式求 π 的近似值，分别统计当"fabs(t)>=1e-6"和"fabs(t)>=1e-8"时，执行循环体的次数。程序如下：

```
#include <stdio.h>
#include <math.h>              //程序中用到数学函数 fabs，应包含头文件 math.h
int main()
```

```
{   int sign=1,count=0;              //sign 用来表示数值的符号,count 用来统计循环次数
    double pi=0.0,n=1.0,term=1.0;    //pi 开始代表多项式的值，最后代表 π 的值，n 代表分母，
                                       term 代表当前项的值

    while(fabs(term)>=1e-8)          //检查当前项 term 的绝对值是否大于或等于 10⁻⁸
    {pi=pi+term;                     //把当前项 term 累加到 pi 中
     n=n+2;                         //n+2 是下一项的分母
     sign=-sign;                    //sign 代表符号，下一项的符号与上一项符号相反
     term=sign/n;                   //求出下一项的值 term
     count++;                       //count 累加 1
    }
    pi=pi*4;                        //多项式的和 pi 乘以 4，才是 π 的近似值
    printf("pi=%10.8f\n",pi);        //输出 π 的近似值
    printf("循环次数：%d\n",count);    //输出循环次数
    return 0;
}
```

① 当 while(fabs(term)>=1e-8)时，循环次数为 50000000，运行结果见图 3-10。

图 3-10　运行结果

② 当 while(fabs(term)>=1e-6)时，循环次数为 500000，运行结果见图 3-11。

图 3-11　运行结果

实验思考：

① 比较几种循环语句的异同。

② 比较 break 语句和 continue 语句。

③ 外循环、内循环的控制变量的使用方法。

单元测试

一、测试一

1. 以下程序的输出结果是（　　）。

   ```
   main()
   { char c='z';
     printf("%c",c-25);
    }
   ```

   (A) a　　　　(B) Z　　　　(C) z-25　　　　(D) y

2. 以下程序的输出结果是（　　）。

   ```
   main( )
   { int k=17;
     printf("%d,%o,%x \n",k,k,k);
   }
   ```

   (A) 17，021，0x11　　(B) 17，17，17　　(C) 17，0x11，021　　(D) 17，21，11

3. 下面程序的输出是（　　）。

   ```
   main()
   { int x=10,y=3;
     printf("%d\n",y=x/y);
   }
   ```

   (A) 0　　　　　　(B) 1　　　　　　(C) 3　　　　　　(D) 不确定的值

4. 下面程序的输出是（　　）。

   ```
   main()
   { int x=023;
     printf("%d\n",--x);
   }
   ```

   (A) 17　　　　(B) 18　　　　(C) 23　　　　(D) 24

5. 以下程序段的输出结果是（　　）。

   ```
   int x=10; int y=x++;
   printf("%d,%d",(x++,y),y++);
   ```

   (A) 11,10　　　　(B) 11,11　　　　(C) 10,10　　　　(D) 10,11

6. 下列程序的运行结果是（　　）。

   ```
   #include"stdio.h"
   main()
   { int a=2,c=5;
     printf("a=%d,b=%d\n",a,c);
   }
   ```

(A) a=%2,b=%5　　　(B) a=2,b=5　　　　　(C) a=d, b=d　　　　(D) a=%d,b=%d

7. 以下程序段的输出结果是（　　）。

    main( )

    {printf("%d",null);}

    (A) 0　　　　　　　(B) 变量无定义　　　(C) -1　　　　　　　(D) 1

8. 设 x、y 均为整型变量，且 x=10 y=3，则以下语句的输出结果是（　　）。

    printf("%d,%d\n",x--,--y);

    (A) 10,3　　　　　(B) 9,3　　　　　　　(C) 9,2　　　　　　(D) 10,2

9. 以下语句的输出结果是（　　）。

    printf("%d\n",strlen("\t\"\065\xff\n"));

    (A) 5　　　　　　　(B) 14

    (C) 8　　　　　　　(D) 输出项不合法，无正常输出

10. 当执行下面程序且输入 ABC 时，输出的结果是（　　）。

    #include"stdio.h"

    main()

    { char ss[10]="12345";

        gets(ss);printf("%s\n",ss);

    }

    (A) ABC　　　　　(B) ABC9　　　　　　(C) 123456ABC　　　(D) ABC456789

11. 以下程序的输出结果是（　　）。

    main()

    {int x,y,z;

      x=y=z=0; ++x||++y||++z;

      printf("%d,%d,%d\n",x,y,z);

    }

    (A) 1，1，1　　　(B) 1，0，0　　　　　(C) 1，1，0　　　　(D) 1，0，1

12. 下面正确的输入语句是（　　）。

    (A) scanf("a=b=%d",&a,&b)　　　　　(B) scanf("a=%d,b=%f",&a,&b)

    (C) scanf("%3c",c)　　　　　　　　　(D) scanf("%5、2f",&a)

13. x、y、z 被定义为 int 型变量，若从键盘给 x、y、z 输入数据，正确的输入语句是（　　）。

    (A) input x,y,z;　　　　　　　　　　(B) scanf("%d%d%d",&x,&y,&z);

    (C) scanf("%d%d%d",x,y,z);　　　　　(D) read("%d%d%d",&x,&y,&z);

14. 以下程序段(字符串内没有空格)的输出结果是（　　）。

        printf("%d\n",strlen("ATS\n012\1\""));

    (A) 11　　　　　　(B) 10　　　　　　　(C) 9　　　　　　　(D) 8

15. 若有定义"int x,y;char a,b,c;"并有以下输入数据(此处< CR> 代表换行符，/u 代表空格): 1u2 AuBuC，则能给 x 赋整数 1，给 y 赋整数 2，给 a 赋字符 A，给 b 赋字符 B，给 c 赋字符 C。以下正确的程序段是（　　）。

    (A) scanf("x=%d y+%d",&x,&y);a=getchar();b=getchar();c=getchar();

(B) scanf("%d %d",&x,&y);a=getchar();b=getchar();c=getchar();

(C) scanf("%d%d%c%c%c,&x,&y,&a,&b,&c);

(D) scanf("%d%d%c%c%c%c%c%c"&x,&y,&a,&a,&b,&b,&c,&c);

16. 以下程序的输出结果是（　　）。（以下 u 代表空格）

 char s[10]:s="abcd";

 printf("%s\n",s);

 (A) 输出 abcd　　　　　　　(B) 输出 a

 (C) 输出 abcduuuuu　　　　　(D) 编译不通过

17. 以下语句的输出结果是（　　）。

 char c1='b',c2='e';

 printf("%d,%c\n",c2-c1,c2-'a'+'A');

 (A) 2,M　　　　　　　　　　(B) 3,E

 (C) 2,E　　　　　　　　　　(D) 输出项与对应的格式控制不一致，输出结果不确定

18. 定义：int x=10,y=3,z; 则语句"printf("%d\n",z=(x%y,x/y));"的输出结果是（　　）。

 (A) 1　　　　　(B) 0　　　　　(C) 4　　　　　(D) 3

19. 以下程序的输出结果是（　　）。

 main()

 { int a=1,b=2;

  printf("%d\n",a=a+1,a+6,b+2);

 }

 (A) 2　　　　　(B) 3　　　　　(C) 4　　　　　(D) 1

20. 下列程序执行后的输出结果是（　　）。

 main()

 { int x='f';

  printf("%c \n",'A'+(x-'a'+1));

  }

 (A) G　　　　　(B) H　　　　　(C) i　　　　　(D) J

21. 下列程序执行后的输出结果是（　　）。（小数点后只写一位）

 main()

 { double d; float f; long j; int i;

  i=f=j=d=20/3;

  printf("%d %ld %f %f \n", i,j,f,d);

 }

 (A) 6　　6　　6.000000　　6.000000　　　　(B) 6　　6　　6.7　　6.7

 (C) 6　　6　　6.0　　6.7　　　　　　　　　(D) 6　　6　　6.7　　6.0

22. 以下程序的输出结果是（　　）。

 #include "stdio.h"

 main()

 { int a=1,b=4,c=2; float x=1.0,y=9.0,z;

```
      z=(a+b)/c+y/x;
      printf("%f\n",z);
      }
```

(A) 数据溢出　　　　(B) 9.3　　　　(C) 11.000000　　　　(D) 0.93

23. 以下程序的输出结果是（　　）。

```
#include "stdio.h"
main()
{ int a,b,c;
  a=(b=(c=10)+5)-5;
  printf("a,b,c=%d,%d,%d",a,b,c);
  c=a=0; b=(a+10); printf("a,b,c=%d,%d,%d",a,b,c);
  }
```

(A) a,b,c=0,10,10 a,b,c=10,15,10　　(B) a,b,c=10,15,10 a,b,c=10,15,10
(C) a,b,c=10,15,10 a,b,c=0,10,0　　(D) a,b,c=10,15,10 a,b,c=10,15,15

24. 下列语句执行后，a,b 的值为（　　）。

```
int a=6,b=7; b=(++b)+(a++);
```

(A) a=7，b=14　　　　　　　　(B) a=7，b=8
(C) a=14，b=14　　　　　　　 (D) a=8，b=8

25. 以下程序段的输出结果是（　　）。

```
float m; m=1234.123;
printf("%-8.3f\n",m);
printf("%10.3f\n",m);
```

(A) 1234.12300　1234.123　　　(B) 1234.123　　1234.123
(C) 1234.123　1234.12300　　　(D) 1234.12300　1234.123

26. 以下程序段的输出结果是（　　）。

```
int a=1234; printf("%2d\n",a);
```

(A) 12　　　　(B) 34　　　　(C) 1234　　　　(D) 提示出错、无结果

27. 以下程序的输出结果是（　　）。

```
#include "stdio.h"
main()
{ int a=1,b=2,c=3;
++a; c+=++b;
printf("first:%d,%d,%d\n",a,b,c);
}
```

(A) first: 2,3,6　　(B) first: 14,4,12　　(C) first: 2 3 6　　(D) first: 26,4,6

28. 以下叙述正确的是（　　）。

(A) 输入项可以是一个实型常量，如：scanf("%f",3.5);
(B) 只有格式控制，没有输入项，也能正确输入数据到内存，例如：scanf("a=%d, b=%d.");

(C) 当输入一个实型数据时，格式控制部分可以规定小数点后的位数，例如：scanf
　　　　("%4.2f",&f);

(D) 当输入数据时，必须指明变量地址，例如：scanf("%f",&f);

29. 以下程序的输出结果是（　　）。

```
main()
{ int y=3,x=3,z=1;
  printf("%d %d\n",(++x,y++),z+2);
 }
```

(A) 3 4　　　　　　(B) 4 2　　　　　　(C) 4 3　　　　　　(D) 3 3

30. 以下程序的输出结果是（　　）。

```
# include"stdio.h"
void main( )
{char x=97,y=65;
 printf("\n%d",x-y);
 }
```

(A) 32　　　　　(B) 0　　　　　(C) -32768　　　　　(D) -22

参考答案：

1. A　2. D　3. C　4. B　5. C　6. B　7. B　8. D　9. A　10. A　11. B　12. B
13. B　14. C　15. D　16. D　17. B　18. D　19. A　20. A　21. A　22. C　23. C
24. A　25. B　26. C　27. A　28. D　29. D　30. A

二、测试二

1. 判断 char 型变量 ch 是否为数字的表达式是（　　）。

(A) 0<=ch<=9　　　　　　　　　　　(B) ('0'<=ch)&&(ch<='9')

(C) (ch>'0')&&(ch<'9')　　　　　　(D) ('0'<=ch)||(ch<='9')

2. 以下运算符中属于逻辑"非"的是（　　）。

(A) &&　　　　(B) !　　　　(C) %　　　　(D) >

3. 能正确表示 a 和 b 不同时为 0 的逻辑表达式是（　　）。

(A) a*b==0　　　　　　　　　　　　(B) (a==0)||(b==0)

(C) (a==0&&b!=0)||(b==0&&a!=0)　　(D) a!=0||b!=0

4. 为表示关系 x≥y≥z，应使用 C 语言表达式（　　）。

(A) (x>=y)&&(y>=z)　　　　　　　(B) (x>=y)and(y>=z)

(C) x>=y>=z　　　　　　　　　　　(D) (x>=y)&(y>=z)

5. 表达式!(x>0&&y>0)等价于（　　）。

(A) !(x>0)||!(y>0)　　　　　　　　(B) !x>0||!y>0

(C) !x>0&&!y>0　　　　　　　　　(D) !(x>0)&&!(y>0)

6. 下面不正确的语句是（　　）。

(A) if((a=b;)>0)t=a;　　　　　　　(B) if((a=b)>0)t=a;

(C) if(a>b);   (D) if(a<b){a++;b++;}

7. 以下程序运行后的输出结果是（   ）。

```
#include<stdio.h>
void main()
{   int i=1,j=1,k=2;
    if((j++||k++)&&i++)
    printf("%d,%d,%d\n",i,j,k);
}
```

(A) 1,1,2   (B) 2,2,1   (C) 2,2,2   (D) 2,2,3

8. 如果从键盘上输入 5，则以下程序的输出结果是（   ）。

```
#include<stdio.h>
void main()
{ int x;
  scanf("%d",&x);
  if(x--<5)   printf("%d",x);
  else printf("%d",x++);
}
```

(A) 3   (B) 4   (C) 5   (D) 6

9. 若运行以下程序时从键盘输入 9，则输出的结果是（   ）。

```
#include<stdio.h>
void main()
{ int n;
  scanf("%d",&n);
  if(n++<10) printf("%d\n",n);
  else printf("%d\n",n--);
}
```

(A) 11   (B) 10   (C) 9   (D) 8

10. 运行以下程序后，输出结果是（   ）。

```
#include<stdio.h>
void main()
{ int m=5;
  if(m++>5) printf("%d\n",m);
  else printf("%d\n",m--);
}
```

(A) 7   (B) 6   (C) 5   (D) 4

11. 运行以下程序后，输出结果是（   ）。

```
#include<stdio.h>
void main()
{ int x=3,y=0,z=0;
    if(x=y+z) printf("****");
```

```
        else printf("####");
    }
```

(A) 可以通过编译但不能通过连接，因而不能运行

(B) 有语法错误不能通过编译

(C) 输出****

(D) 输出####

12. 运行下面程序段后，x,y 的值分别为（   ）。

```
    int x=1,y=1;
    if(x=2)y=3;else y=4;
```

(A) 1,1   (B) 1,4   (C) 2,3   (D) 2,4

13. 为了避免嵌套的条件分支语句 if-else 的二义性,C 语言规定程序中的 else 总是与(   )
组成配对关系。

(A) 排列位置相同的 else   (B) 在其之前未配对的 if

(C) 在其之前未配对的最近的 if   (D) 同一行上的 if

14. 假定所有变量均已正确说明，运行下列程序后 x 的值是（   ）。

```
a=b=c=0;
x=35;
if(A) x--;
else if(B) ;
if(C) x=3;
else x=4;
```

(A) 4   (B) 34   (C) 35   (D) 3

15. 有以下程序运行后的输出结果是（   ）。

```
#include<stdio.h>
void main()
{ int a=5,b=4,c=3,d=2;
  if(a>b>c)
  printf("%d\n",d);
  else if((c-1>=d)==1)
  printf("%d\n",d+1);
  else   printf("%d\n",d+2);
}
```

(A) 2   (B) 3   (C) 4   (D) 编译时有错，无结果

16. 以下程序，运行后的输出结果是（   ）。

```
#include<stdio.h>
void main()
{ int a=2,b=-1,c=2;
  if(A)
  if(b<0)c=0;
```

else c++;

printf("%d\n",c);

}

(A) 0　　　　　　(B) 1　　　　　　(C) 2　　　　　　(D) 3

17. 设初始化 int a=0,b=0,c=0,x=9;则执行下列语句之后，变量 x 的值是（　　）。

if(A) x--;

else　if(B)

if(!c)x=3;

else x=4;

(A) 9　　　　　　(B) 8　　　　　　(C) 4　　　　　　(D) 3

18. 以下程序运行后输入 65，程序的输出结果是（　　）。

#include<stdio.h>

void main()

{ int m;

scanf("%d",&m);

if(m>45) printf("%d",m);

else　printf("%d",m++);

if(m<35) printf("%d",m);

else printf("%d",++m);

if(m>25) printf("%d",m);

}

(A) 65　　　　(B) 656666　　　　(C) 6565　　　　(D) 不能确定

19. 下列关于 switch 和 break 语句的叙述中，正确的是（　　）。

(A) break 语句是 switch 语句中的一部分

(B) switch 语句中可以根据需要使用或不使用 break

(C) switch 语句中必须使用 break

(D) 以上结论中有两个正确

20. 以下程序运行后的输出结果是（　　）。

#include<stdio.h>

void main()

{ int a=15,m=0;

switch(a%3)

{ case 0:m++;break;

case 1:m++;}

printf(“%d\n”,m);

}

(A) 1　　　　(B) 2　　　　　　(C) 3　　　　　　(D) 4

21. 以下程序运行后的输出结果是（　　）。

#include<stdio.h>

```
void main()
{ int x=1,a=0,b=0;
switch(x)
  { case 0:b++;
    case 1:a++;
    case 2:a++;b++;
  }
  printf("a=%d,b=%d\n",a,b);
}
```

(A) a=2,b=1　　　　　(B) a=1,b=1　　　　　(C) a=1,b=0　　　　　(D) a=2,b=2

22. 以下程序运行后的输出结果是（　　）。

```
#include<stdio.h>
void main()
{int a=1,b=6,c=4,d=2;
 switch(a++)
   {case 1:c++;d++;
    case 2:switch(++b)
          {case   7: c++;
            case   8: d++;
          }
    case 3: c++;d++;break;
    case 4: c++;d++;
   }
  printf("%d,%d\n",c,d);
}
```

(A) 4,2　　　　　　　(B) 5,3　　　　　　　(C) 7,5　　　　　　　(D) 8,6

23. 以下程序运行时输入 2 后，程序的输出结果是（　　）。

```
#include<stdio.h>
void main()
{ int c;
 c=getchar();
 switch(c-'2')
     { case 0:
      case 1: putchar(c+4);
      case 2: putchar(c+4);break;
      case 3: putchar(c+3);
      case 4: putchar(c+2);break;
     }
}
```

(A) 6   (B) 6654   (C) 66   (D) 没有输出内容

24. 以下程序运行时输入 B 后，程序的输出结果是（　　　）。

```
#include<stdio.h>
void main()
{ char a;
  scanf("%c",&a);
  switch(A)
  { case 'a':printf("1");break;
    case 'b':printf("2");break;
    case 'c':printf("3");break;
    default:printf("4");
  }
}
```

(A) 1   (B) 2   (C) 3   (D) 4

25. 下面程序的输出结果是（　　　）。

```
#include<stdio.h>
void main()
{ int a=5,b=6,t=7;
  if(a>b)
  t=a;a=b;b=t;
  printf("a=%d,b=%d,t=%d\n",a,b,t);
}
```

(A) a=5,b=6,t=7   (B) a=7,b=6,t=5
(C) 程序有语法错误不能运行   (D) a=6,b=7,t=7

26. 表达式:10!=9 的值是（　　　）。

(A) true   (B) 非零值   (C) 0   (D) 1

27. 整型变量 x 和 y 的值相等且为非 0 值，则以下选项中，结果为 0 的表达式是（　　　）。

(A) x‖y   (B) x|y   (C) x & y   (D) x ^ y

28. 若 k 是 int 型变量，则以下程序片段的输出结果是（　　　）。

k=-3 if(k<=0) printf("####") else printf("&&&&");

(A) ####   (B) &&&&   (C) ####&&&&   (D) 有语法错误，无输出结果

29. 两次运行下面的程序，如果从键盘上分别输入 6 和 4，则输出结果是（　　　）。

```
main()
{ int x;
  scanf("%d",&x);
  if(x ++>5)
    printf("%d",x);
  else printf("%d\n",x --);
}
```

(A) 7 和 5　　　　　　　　　(B) 6 和 3

(C) 7 和 4　　　　　　　　　(D) 6 和 4

30. 当 c 的值不为 0 时，在下列选项中能将 c 的值正确赋给变量 a、b 的是（　　）。

(A) c=b=a;　　　　　　　　(B) (a=c) ‖ (b=c) ;

(C) (a=c) &&(b=c);　　　　　(C) a=c=b;

31. 下列分支语句合法的是（　　）。

(A) if(a>c) m=a else m=c　　　(B) if a>c (if a>b) m=a

(C) if (a>b && a>c) m=a　　　(D) case 6,7:printf("reset\n")

32. 表示关系 x≤y≤z 的 c 语言表达式为（　　）。

(A) (X<=Y)&&(Y<=Z)　　　　(B) (X<=Y)AND(Y<=Z)

(C) (X<=Y<=Z)　　　　　　　(D) (X<=Y)&(Y<=Z)

33. 以下对嵌套子程序调用说法正确的是（　　）。

(A) 外层子程序可以调用所有的内层子程序

(B) 内层了程序只可以调用包含本身的外层子程序，不可以隔层调用

(C) 外分程序必须能完全套住内分程序

(D) 以上说法均不正确

34. 若要求在 if 后面的一对圆括号中表示 a 不等于 0 的关系，则能正确表示这一关系的表达式为（　　）。

(A) a<>0　　　　(B) !a　　　　(C) a=0　　　　(D) a

35. 若给定条件表达式(M)?(a++):(a--)，则其中表达式 M 和（　　）等价。

(A) (M==0)　　　(B) (M==1)　　　(C) (M!=0)　　　(D) (M!=1)

36. 设 a、b、c、d、m、n 均为 int 型变量，且 a=5;b=6;c=7;d=8;m=2;n=2;则逻辑表达式 (m=a>b)&&(n=c>d)运算后，n 的值为（　　）。

(A) 2　　　　(B) 1　　　　(C) 0　　　　(D) 3

37. 设 a,b 和 c 都是 int 型变量，且 a=3,b=4,c=5，则下列值为 0 的表达式是（　　）。

(A) 'a'&&'b'　　　　　　　　(B) a<=b

(C) a||b+c&&b-c　　　　　　(D) !((a<b)&&!C||1)

38. 设 x=3,y=-4,z=6，以下表达式的结果是（　　）。

!(x>y)+(y!=z)||(x+y)&&(y-z)

(A) 0　　　　(B) 1　　　　(C) -1　　　　(D) 6

39. 以下程序段的输出结果是（　　）。

```
int i=0,j=0,a=6;
if((++i>0)||(++j>0))a++;
printf("i=%d,j=%d,a=%d\n",i,j,a);
```

(A) i=0,j=0,a=6　　(B) i=1,j=0,a=7　　(C) i=1,j=1,a=6　　(D) i=1,j=1,a=7

40. 下列说法中正确的是（　　）。

(A) 在 switch 语句中一定要使用 break 语句

(B) 在 switch 语句中不一定要使用 break 语句

(C) break 语句是 switch 语句的一部分

(D) break 只能用于 switch 语句中

参考答案：

1. B　2. B　3. C　4. A　5. A　6. A　7. C　8. B　9. B　10. B　11. D　12. C

13. C　14. A　15. B　16. A　17. A　18. B　19. B　20. A　21. A　22. C　23. C

24. D　25. D　26. D　27. D　28. D　29. A　30. C　31. C　32. A　33. C　34. B

35. C　36. C　37. D　38. B　39. B　40. B

三、测试三

1. 以下程序段中，do while 循环的结束条件是（　　）。

   int n=0,p;

   do

   　{scanf("%d",&p);n++;}

   while(p!=12345 &&n<3);

   (A) P 的值不等于 12345 并且 n 的值小于 3

   (B) P 的值等于 12345 并且 n 的值大于等于 3

   (C) P 的值不等于 12345 或者 n 的值小于 3

   (D) P 的值等于 12345 或者 n 的值大于等于 3

2. 对于以下程序段，其运行后的输出结果是（　　）。

   int x=2;

   while(x=1) printf("%2d",x--);

   (A) 2　　　　(B) 2,1　　　(C) 反复输出 1 的死循环　　　(D) 不显示任何内容

3. 当执行以下程序段时（　　）。

   x=-1; do { x=x*x;} while(!x);

   (A) 循环体将执行一次　　　　　　(B) 循环体将执行两次

   (C) 循环体将执行无限次　　　　　(D) 系统将提示有语法错误

4. t 为 int 类型，进入下面的循环之前，t 的值为 0，则以下叙述正确的是（　　）。

   while(t=l)

   { ……}

   (A) 循环控制表达式的值为 0　　　　(B) 循环控制表达式的值为 1

   (C) 循环控制表达式不合法　　　　　(D) 以上说法都不对

5. 以下程序的输出结果是（　　）。

   main()

   { int num= 0;

   　while(num<=2)

   　　{ num++; printf("%d",num);

   　　}

   　}

   (A) 1234　　　(B) 123　　　(C) 12　　　(D) 1

6. 设有 int a=2；则循环语句"while(A) a--;"循环的次数为（　　）。

(A) 0　　　　　　　(B) 1　　　　　　　(C) 2　　　　　　　(D) 无穷循环

7. 语句"while(!E),"中的条件"!E"等价于（　　）。

(A) E==0　　　　　(B) E!=1　　　　　(C) E!=0　　　　　(D) ~E

8. 以下程序的输出结果是（　　）。

```
main()
{ int x=10，y=10，i;
 for(i=0;x>8;y=++i)
 printf("%d，%d "，x--，y);
}
```

(A) 10 1 9 2　　　　(B) 9 8 7 6　　　　(C) 10 9 9 0　　　　(D) 10 ,10 ,9 ,1

9. 在循环语句的循环体中，continue 语句的作用是（　　）。

(A) 立即终止整个循环

(B) 继续执行 continue 语句之后的循环体各句

(C) 结束本次循环

(D) 死循环

10. 以下程序中，while 的循环次数是（　　）。

```
#include <stdio.h>
void main()
{ int i=0;
   while(i<10)
     { if(i<1)continue;
      if(i==5)break;
      i++;
      }
   }
```

(A) 1　　　　　　　(B) 10　　　　　　　(C) 6　　　　　　　(D) 死循环

11. 以下程序运行时，如果从键盘输入：Y? N?<CR>，则输出结果为（　　）。

```
#include <stdio.h>
void main()
{ char c;
 while((c=getchar())!='?')
   putchar(--c);
 }
```

(A) X　　　　　　　(B) Y　　　　　　　(C) YN　　　　　　　(D) N

12. 以下程序运行后的输出结果是（　　）。

```
#include <stdio.h>
void main()
{ int x=0,y=5,z=3;
   while(z-->0&&++x<5)
```

```
    y=y-1;
    printf("%d,%d,%d\n",x,y,z);
}
```

(A) 3,2,0   (B) 3,2,-1   (C) 4,3,-1   (D) 5,-2,-5

13. 以下程序运行后的输出结果是（   ）。

```
#include <stdio.h>
void main()
   { int n=9;
    while(n>6)
    {n--;
      printf("%d",n);
    }
   }
```

(A) 987   (B) 876   (C) 8765   (D) 9876

14. 在运行以下程序时，如果从键盘输入 ABCdef<CR>，则输出结果为（   ）。

```
#include <stdio.h>
void main()
{ char ch;
  while((ch=getchar())!='\n')
  {if(ch>='A'&&ch<='Z')
      ch=ch+32;
    else if(ch>='a'&&ch<='z')
      ch=ch-32;
    printf("%c",ch);
  }
 printf("\n");
}
```

(A) ABCdef   (B) abcDEF   (C) abc   (D) DEF

15. 以下程序的输出结果是（   ）。

```
#include <stdio.h>
void main()
{ int n=4;
   while(n--)
      printf("%d",--n);
}
```

(A) 20   (B) 31   (C) 321   (D) 210

16. 在运行以下程序时，如果从键盘输入 china#<CR>，则输出结果为（   ）。

```
#include <stdio.h>
void main()
```

```
{ int v1=0,v2=0;
 char ch;
 while((ch=getchar())!='#')
  switch(ch)
    { case 'a':
     case 'h':
     default: v1++;
     case '0':v2++;
    }
  printf("%d,%d\n",v1,v2);
 }
```

(A) 2,0　　　　　(B) 5,0　　　　　(C) 5,5　　　　　(D) 2,5

17. 下面程序的功能是求满足下述条件的最小偶数：当它分别被 3、4、5、6 除时，余数均为 2。正确的答案是（　　）。

```
#include <stdio.h>
void main()
{ int i=0;
  while(——)
   { if（(i%3==2)&&(i%4==2)&&(i%5==2)&&(i%6==2)）
     { printf("%d",i);
       break;
     }
    i=i+2;
   }
 }
```

(A) 1　　　　　(B) 0　　　　　(C) i!=0　　　　　(D) i=0

18. 运行下列程序时，从键盘输入：16　24<CR>，则输出结果为（　　）。

```
#include <stdio.h>
void main()
{ int a,b,y;
  scanf("%d%d",&a,&b);
  if(a<b){y=a;a=b;b=y;}
    y=a%b;
  while(y!=0)
   { a=b;b=y;y=a%b;}
    printf("%d\n",b);
   }
```

(A) 24　　　　　(B) 16　　　　　(C) 8　　　　　(D) 0

19. 运行下列程序时，从键盘输入：2473<CR>，则输出结果为（　　）。

```
#include <stdio.h>
void main()
{ int c;
   while((c=getchar())!='\n')
   { switch(c-'2')
       { case 0:
       case 1:putchar(c+4);
       case 2:putchar(c+4);break;
       case 3:putchar(c+3);
       default:putchar(c+2);break;
       }
   }
   printf("\n");
 }
```

(A) 668966　　　(B) 668977　　　(C) 66778777　　　(D) 以上均错误

20. 以下程序的输出结果是（　　）。

```
#include <stdio.h>
void main()
{ int x=15;
   while(x>10&&x<50)
   { x++;
    if(x/3)
     {x++;   break;}
    else continue;
   }
   printf("%d\n",x);
}
```

(A) 15　　　　　(B) 16　　　　　(C) 17　　　　　(D) 18

21. 以下关于 C 语言的叙述中，正确的是（　　）。

(A) 不能使用 do...while 语句构成循环

(B) do...while 语句构成的循环必须用 break 语句才能退出

(C) 在 do...while 语句构成的循环中，当 while 语句中表达式的值为非零时结束循环

(D) 在 do...while 语句构成的循环中，当 while 语句中表达式的值为零时结束循环

22. 以下程序的输出结果是（　　）。

```
main()
{ int a= 0;
   while(a<=5)
    {a++; printf("%d",a); }
 }
```

(A) 1　　　　　　　　(B) 123456　　　　　　(C) 1234　　　　　　(D) 1 2 2 2 3 3 4

23. 运行以下程序，其输出结果是（　　）。

```
#include <stdio.h>
void main()
{ int y=10;
   do
   y--;
   while(--y);
   printf("%d\n",y--);
}
```

(A) 0　　　　　　　　(B) 1　　　　　　　　(C) 8　　　　　　　(D) -1

24. 运行以下程序，其输出结果是（　　）。

```
#include <stdio.h>
void main()
{ int k=0,x=1,n=3;
   do
   {k=k+1;
   n=k+n;
   x=x*2;
   }
   while(x<n);
   printf("%d%d\n",n,x);
}
```

(A) 13 16　　　　　　(B) 6 8　　　　　　　(C) 18 32　　　　　　(D) 24 64

25. 语句"for(表达式1;；表达式3)"等价于（　　）。

(A) 语句 for(表达式1；0；表达式3)

(B) 语句 for(表达式1；表达式1；表达式3)

(C) 语句 for(表达式1；1；表达式3)

(D) 语句 for(表达式1；表达式3；表达式3)

26. 执行语句"for(i=10;i>0;i--)"后，变量 i 的值是（　　）。

(A) 10　　　　　　　(B) 9　　　　　　　　(C) 0　　　　　　　(D) 1

27. 执行语句"for(i=1;10;++i);"其中表达式 i=1 将被执行的次数是（　　）。

(A) 0　　　　　　　(B) 1　　　　　　　(C) 无穷次　　　　　(D) 不确定

28. 下面循环语句的循环执行次数为（　　）。

```
for(s=0,i=1,j=10;i<=10;i++,j--)
{s+=i*j;
if(i>=j) break;
}
```

(A) 1　　　　　　　(B) 5　　　　　　　　(C) 6　　　　　　　(D) 10

29. 运行以下程序，其输出结果是（　　）。

```c
#include <stdio.h>
void main()
{ int i,sum=0;
  for(i=1;i<=3;i++);
    sum+=i;
  printf("%d\n",sum);
 }
```

(A) 6　　　　　　　(B) 3　　　　　　　(C) 死循环　　　　　　(D) 4

30. 运行以下程序，其输出结果是（　　）。

```c
#include <stdio.h>
void main()
{int i,s=0;
 for(i=1;i<10;i+=2)
   s+=i+1;
 printf("%d\n",s);
}
```

(A) 10　　　　　　(B) 15　　　　　　(C) 20　　　　　　(D) 30

31. 运行以下程序，其输出结果是（　　）。

```c
#include <stdio.h>
void main()
{int a,b;
 for(a=1,b=1;a<=10;a++)
  { if(b>=20)break;
    if(b%3==1)
      {b=3;continue;}
    b+=5;}
 printf("%d,%d\n",a,b);
}
```

(A) 8,3　　　　　　(B) 9,8　　　　　　(C) 10,13　　　　　　(D) 11,3

32. 运行以下程序，其输出结果是（　　）。

```c
#include <stdio.h>
void main()
{int i;
 for(i=1;i<5;i++)
   {if(i%2)printf("*");
    else   continue;
    printf("#");
   }
 printf("$\n");
}
```

(A) *#*#*#$　　　　(B) #*#*#*$　　　　(C) *#*#$　　　　(D) #*#*$

33. 运行以下程序，其输出结果是（　　）。

```c
#include <stdio.h>
void main()
 {int i;
  for(i=0;i<3;i++)
  switch(i)
     {case 1:printf("%d",i);
      case 2:printf("%d",i);
      default:printf("%d",i);
      }
   }
```

(A) 011122　　　　(B) 012　　　　(C) 012020　　　　(D) 120

34. 运行以下程序，其输出结果是（　　）。

```c
#include <stdio.h>
#include <math.h>
void main()
{int m,k,i,n=0;
   for(m=6;m<15;m++)
     {k=(int)sqrt(m);
      for(i=2;i<=k;i++)
        if(m%i==0) break;
      if(i>=k+1)
        {printf("%3d",m); n=n+1;
        }
     }
}
```

(A) 8 10 12 14　　　　(B) ,6 8 10 12 14　　　　(C) ,11 7 13,　　　　(D) 7 11 13

35. 运行以下程序，其输出结果是（　　）。

```c
#include <stdio.h>
void main()
 {int i,j,m=0;
  for(i=2;i<=14;i+=4)
    for(j=3;j<=19;j+=4)
        m++;
    printf("%d\n",m);
 }
```

(A) 8　　　　(B) 16　　　　(C) 20　　　　(D) 25

36. 以下程序段的输出结果是（　　）。

int x=3; do { printf("%3d",x-=2);} while(!(--x));

(A) 1   (B) 3 0   (C) 1 -2   (D) 死循环

37. 以下程序片段的输出结果是（   ）。

```
#include"stdio.h"
main()
{int a, b;
 for(a=1,b=1;a<=100;a++)
   {if(b>=20)  break;
    if(b%3==1) {b+=3; continue; }
    b-=5;
   }
 printf("%d\n",a);
}
```

(A) 7   (B) 8   (C) 9   (D) 10

38. 下列程序段的输出结果为（   ）。

int y=1; while(y--); printf("y=%d\n",y);

(A) y=-1   (B) y=0   (C) 死循环   (D) y=9

39. 以下程序段的输出结果是（   ）。

```
main()
{int n=9;
 while(n>6)
   {n--;printf("%d",n);}
}
```

(A) 987   (B) 876   (C) 8765   (D) 9876

40. 以下 for 语句构成的循环执行了（   ）次。

```
# include "stdio.h"
#define N 1
#define M N+1
# define NUM (M+1)*M/2
main( )
{int i,n=0;
 for (i=1;i<=NUM;i++)
   {n++; printf("%d",n); }
}
```

(A) 5   (B) 6   (C) 3   (D) 9

参考答案：

1. D   2. C   3. A   4. B   5. B   6. C   7. A   8. D   9. C   10. D   11. A   12. B
13. B   14. B   15. A   16. C   17. A   18. C   19. B   20. C   21. D   22. B   23. A
24. A   25. C   26. C   27. B   28. C   29. D   30. D   31. D   32. C   33. A   34. D
35. C   36. C   37. B   38. A   39. B   40. C

第4章 函 数

实验1 函数（一）

【实验目的】

1. 了解函数递归调用的使用。
2. 了解全局变量和局部变量、自动变量、静态变量的定义和使用方法。
3. 掌握 C 语言函数的定义方法、函数的声明及函数的调用方法。
4. 掌握函数实参与形参的对应关系及"值传递"、"地址传递"的方式。
5. 掌握函数嵌套调用的方法。

【实验内容】

一、编写一个函数求 n!

程序如下：

```
int jc(int n)
{int i,p=1;
   for(i=1;i<=n;i++)
     p=p*i;
   return p;
}
main()
{int k,n;
scanf("%d",&n);
k=jc(n);
printf("n!=%d",k);
}
```

运行结果：

输入 5✓

n!=120

二、写一个判断素数的函数

要求：在主函数中输入一个整数，输出是否是素数的信息。程序如下：

```
#include<stdio.h>
int prime(int number)
   {int flag=1,n;
     for(n=2;n<number/2 && flag==1;n++)
          if(number%n==0) flag=0;
          return flag;
   }
  main()
  { int number;
    printf("input 1 number:\n");
    scanf("%d",&number);
    if(prime(number)) printf("%d 是素数\n",number);
    else printf("%d 不是素数\n",number);
  }
```

运行结果：

输入 9↙

9 不是素数

输入 5↙

5 是素数

三、编写一个函数 int sum(int number)

要求：计算主函数中输入的整数各位数字之和，并在主函数中将结果输出。程序如下：

```
#include<stdio.h>
int sum(int number)
{int sum=0;
 int k;
     while(number!=0)              //输入的整数各位数字之和
       {k= number%10;
           sum=sum+k;
           number= number/10;
       }
 return(sum);
}
main()
{ int n;
scanf("%d",&n);
printf("sum=%d \n", sum(n));
}
```

运行结果：

输入 <u>3425</u>↙

sum=14

四、编写程序判断输入的多个年份是否为闰年

程序如下：

```
#include "stdio.h"
int runnian(int y)
{if((y%4==0 && y%100!=0) || y%400==0)
return 1;
return 0;
}
void main()
{int year;
while(1)                    //可以循环输入多个年份
{scanf("%d",&year);
if(runnian(year))
printf("%d 是闰年\n",year);
else printf("%d 不是闰年\n",year);}
}
```

运行结果：

输入 <u>2015</u>↙

2015 不是闰年

输入 <u>2016</u>↙

2016 是闰年

五、进行数字字符转换

函数 fun 的功能是进行数字字符转换，若形参中是数字字符'0'~'9'，则将'0'转换为'9'，'1'转换为'8'，'2'转换为'7'，'9'转换为'0'，若是其他字符则不转换，并将转换后的结果作为函数值返回。程序如下：

```
char fun(char ch)
{
    if(ch>='0'&&ch<='9')
    ch=9-(ch-'0')+'0';          //将'0'转换为'9'，'1'转换为'8'，以此类推
    return ch;
}
```

```
main()
{char c;
scanf("%c",&c);        //输入 0~9 中的一个数字
c=fun(C) ;
printf("转换为%c,",c);
}
```
运行结果：

输入 0✓

转换为 9

六、利用函数编写程序，从键盘输入两个整数，输出比较大的数

程序如下：

```
#include<stdio.h>
max(int x,int y)
 {int z;
  z=x>y?x:y;
 }
main()
 {int a,b,c;
    printf("intput 2 numbers:\n");
    scanf("%d%d",&a,&b);
    c=max(a,b);
    printf("MAX is %d\n",c);
 }
```
运行结果：

intput 2 numbers: 2 9✓

MAX is 9

实验 2 函数（二）

【实验目的】

1. 熟悉函数递归调用的使用。

2. 熟悉全局变量和局部变量的定义和使用方法。

3. 进一步掌握 C 语言函数的定义方法、函数的声明及函数的调用方法。

4. 掌握函数实参与形参的对应关系及"值传递"、"地址传递"的方式。

【实验内容】

一、观察程序运行结果

（一）形参值的变化不影响实参值，为什么？

程序如下：

```
#include<stdio.h>
int a,b;
void fun()
{a=100;b=200;}
main()
  {int a=5,b=7;
   fun();
   printf("%d%d\n",a,b);
  }
```

运行结果：

57

（二）主函数中变量的类型与函数体中变量类型的比较

程序如下：

```
#include<stdio.h>
max(float x,float y)
  {float z=x;
   if(z<y) z=y;
   return z;
  }
  main()
  {float a=5.6,b=7.8;
   int c;
   c=max(a,b);
   printf("%d\n",c);
  }
```

运行结果：

7

二、体会 static 在函数中的作用

（一）程序一

程序如下：

```
#include<stdio.h>
```

```
int fun (int x,int y)
  {static int m=0,j=2;
   j+=m+1;
   m=j+x+y;
   return (m);
   }
main()
  {int k=4,m=1,n;
    n=fun(k,m);
    printf("%d\n",n);
    n=fun(k,m);
    printf("%d\n",n);
   }
```

运行结果：

8

17

实验思考：

如果将函数与主函数交换位置，会有什么结果？

（二）程序二

程序如下：

```
#include<stdio.h>
void incr()
{static int s=0;
 ++s;
 printf("%d\n",s);
}
main()
{incr();
 incr();
 incr();
}
```

运行结果：

1

2

3

实验思考：

如果去掉 static，结果会怎样？为什么？

单 元 测 试

1. 在 C 语言中，函数的默认存储类别是（   ）。

   (A) extern   (B) static   (C) auto   (D) 无存储类别

2. 以下说法正确的是（   ）。

   (A) 定义函数时，形参的类型说明可以放在函数体内

   (B) return 后边的值不能为表达式

   (C) 如果函数值的类型与返回值类型不一致，以函数值类型为准

   (D) 如果形参与实参类型不一致，以实参类型为准

3. 下面程序的输出结果是（   ）。

```
fun3(int x)
{static int a=3;   a+=x;
 return(A) ;
}
main()
{int k=2, m=1, n;
 n=fun3(k);
 n=fun3(m);
 printf("%d\n",n);
}
```

   (A) 3   (B) 4   (C) 6   (D) 9

4. 以下说法正确的是（   ）。

   (A) 用户若需调用标准库函数，调用前必须重新定义

   (B) 用户可以重新定义标准库函数，若如此，该函数将失去原有含义

   (C) 系统根本不允许用户重新定义标准库函数

   (D) 用户若需调用标准库函数，调用前不必使用预编译命令将该函数所在文件包括到用户源文件中，系统自动去调

5. C 语言规定，简单变量做实参时，它和对应形参之间的数据传递方式是（   ）。

   (A) 地址传递

   (B) 单向值传递

   (C) 由实参传给形参，再由形参传回给实参

   (D) 由用户指定的传递方式

6. C 语言规定，函数返回值的类型是由（   ）。

   (A) return 语句中的表达式类型所决定

   (B) 调用该函数时的主调函数类型所决定

   (C) 调用该函数时系统临时决定

   (D) 在定义该函数时所指定的函数类型所决定

7. 下面函数调用语句含有实参的个数为（   ）。

func((exp1,exp2),(exp3,exp4,exp5));

(A）1   (B）2   (C）4   (D）5

8. 若程序中定义了以下函数，并将其放在调用语句之后，则在调用之前应该对该函数进行说明，以下选项中错误的是（ ）。

double myadd(double a,double b)

{return (a+b);}

(A) double myadd(double a,b);

(B) double myadd(double ,double);

(C) double myadd(double b,double a);

(D) double myadd(double x,double y);

9. 下列程序的输出结果为（ ）。

```
#include <stdio.h>
void main( )
{int fun( int n);
 printf("%d",fun(4));
 }
int fun( int n)
{ int t;
    if((n==0)||(n==1))t=1;
    else t=n*fun(n-1);
return   t;
}
```

(A) 24   (B) 48   (C) 72   (D) 96

10. 下列程序的输出结果为（ ）。

```
#include <stdio.h>
int abc(int u,int v);
void main( )
{ int a=24,b=16,c;
   c=abc(a,b);
   printf("%d",c);
}
int abc(int u,int v)
{ int w;
   while(v)
{w=u%v;u=v;v=w;}
return u;
}
```

(A) 6   (B) 7   (C) 8   (D) 9

11. 以下叙述中正确的是（ ）。

(A) 全局变量的作用域一定比局部变量作用域范围大

(B) 静态(static)变量的生存期贯穿于整个程序的运行期间

(C) 函数的形参都属于全局变量

(D) 未在定义语句中赋初值的 auto 变量和 static 变量的初值都是随机值

12. 下列说法错误的是（　　）。

(A) 变量的定义可以放在所有函数之外

(B) 变量的定义可以放在某个复合语句的开头

(C) 变量的定义可以放在函数的任何位置

(D) 变量的定义可以不放在本编译单位内，而放在其他编译单位内

13. 下列程序的输出结果为（　　）。

```
#include <stdio.h>
int a=3,b=5;
max(int a,int b)
{ int c;
 c=a>b?a:b;
 return   c;
}
main()
{int a=16;
 printf("%d\n",max(a,b));
}
```

(A) 3　　　　　　(B) 5　　　　　　(C) 16　　　　　　(D) 语法错

14. 下列叙述中正确的是（　　）。

(A) 主函数必须在其他函数之前，函数内可以嵌套定义函数

(B) 主函数必须在其他函数之后，函数内不可以嵌套定义函数

(C) 主函数必须在其他函数之前，函数内不可以嵌套定义函数

(D) 主函数必须在其他函数之后，函数内可以嵌套定义函数

15. C 语言规定，程序中各函数之间（　　）。

(A) 不允许直接递归调用，允许间接递归调用

(B) 不允许直接递归调用，也不允许间接递归调用

(C) 允许直接递归调用，不允许间接递归调用

(D) 既允许直接递归调用也允许间接递归调用

16. 以下说法正确的是（　　）。

(A) C 语言程序总是从第一个函数开始执行

(B) 在 C 程序中，要调用的函数必须在主函数前定义

(C) C 程序总是从主函数开始执行

(D) C 程序中主函数必须放在程序的最前面

17. 以下函数的类型是（　　）。

fun(float x)

```
{float  y;
    y=3*x-4;
    return  y;
    }
```

(A) int　　　　(B) 不确定　　　　(C) void　　　　(D) float

18. 以下程序的输出结果是（　　）。

```
#include <stdio.h>
char  fun(char  x,char  y)
{   if(x!=0)
    return  y;
}
main（　）
{int a='9',b='8',c='7';
 printf("%c\n",fun(fun(a,b),fun(b,c)));
}
```

(A) 函数调用出错　　　　(B) 8　　　　(C) 9　　　　(D) 7

19. 运行以下程序的输出结果是（　　）。

```
#include <stdio.h>
fun( int x,int y,int z)
{z=x*x+y*y;}
main()
{int a=31;
    fun(5,2,a);
    printf("%d",a);
}
```

(A) 0　　　　(B) 29　　　　(C) 31　　　　(D) 无定值

20. 运行以下程序的输出结果是（　　）。

```
#include <stdio.h>
int func(int a,int b)
{return(a+b);}
main（　）
{int x=2,y=5,z=8,r;
    r=func(func(x,y),z);
    printf("%d\n",r);
}
```

(A) 12　　　　(B) 13　　　　(C) 14　　　　(D) 15

21. 运行以下程序的输出结果是（　　）。

```
#include <stdio.h>
f(int a)
```

```
{int b=0;
  static   int c=3;
    b++;c++;
  return(a+b+c);
}
void main (    )
{int a=2,i;
for(i=0;i<3;i++)
printf("%d",f(A) );
}
```
(A) 789　　　　(B) 7911　　　　(C) 71013　　　　(D) 777

22. 运行以下程序的输出结果是（　　）。
```
#include <stdio.h>
int x=3;
void main (    )
{ int i;
  for(i=1;i<3;i++)ncre();
}
ncre()
{static int x=1;
  x*=x+1;
printf("%d",x);
}
```
(A) 33　　　　(B) 22　　　　(C) 26　　　　(D) 25

23. 运行以下程序的输出结果是（　　）。
```
#include <stdio.h>
fun(int x)
{int a=3;
  a=a+x;
  return   a;
}
void main()
{ int k=2,m=1,n;
   n=fun(k);
   n=fun(m);
   printf("n=%d\n",n);
}
```
(A) n=3　　　　(B) n=4　　　　(C) n=6　　　　(D) n=9

24. 以下程序的输出结果是（　　）。

```
long fun( int n)
{ long s;
    if(n==1 || n==2)   s=2;
    else s=n-fun(n-1);
    return s;
}
main()
{printf("%ld\n", fun(3));
}
```

(A) 1   (B) 2   (C) 3   (D) 4

25. 以下程序的输出结果是（   ）。

```
int a, b;
void fun()
  { a=100; b=200; }
main()
  { int a=5, b=7;
    fun();
    printf("%d%d \n", a,b);
}
```

(A) 100200   (B) 57   (C) 200100   (D) 75

26. 以下程序的输出结果是（   ）。

```
int d=1;
fun(int p)
{static int d=5;
  d+=p;
  printf("%d ",d);
  return(D) ;
}
main( )
{int a=3;
  printf("%d \n",fun(a+fun(D) ));
}
```

(A) 6 9 9   (B) 6 6 9   (C) 6 15 15   (D) 6 6 15

27. 以下程序的输出结果是（   ）。

```
int w=3;
main()
{int w=10;
  printf("%d\n",fun(5)*w);
}
```

```
fun(int k)
{if(k==0)    return w;
 return(fun(k-1)*k);
}
```

(A) 360   (B) 3600   (C) 1080   (D) 1200

28. 以下程序的输出结果是（   ）。

```
int m=13;
int fun2(int x, int y)
{int m=3;
 return(x*y-m);
}
main()
{int a=7, b=5;
 printf("%d\n",fun2(a,b)/m);
}
```

(A) 1   (B) 2   (C) 7   (D) 10

29. 设有以下的函数 ggg(x) float x; { printf("\n%d",x*x);} 则函数的类型（   ）。

(A) 与参数 x 的类型相同   (B) 是 void

(C) 是 int   (D) 无法确定

30. 设有 static char str[ ]="Beijing"; 则执行 printf("%d\n", strlen(strcpy(str,"China"))); 后的输出结果为（   ）。

(A) 5   (B) 7   (C) 12   (D) 14

31. 以下函数值的类型是（   ）。

```
fun ( float x )
{ float y; y= 3*x-4; return y; }
```

(A) int   (B) 不确定   (C) void   (D) float

32. 以下程序运行后的输出结果是（   ）。

```
func(int a,int b)
{int m=0 ,i=2;
i+=m+1; m=i+a+b ;
return(m);
}
main()
{int k=4,m=1,p;
p=func (k,m);
printf("%d,",p);
 p=func (k,m);
printf("%d\n",p);
}
```

(A) 8,15　　　　　(B) 8,16　　　　　(C) 8,8　　　　　(D) 8,17

33. 以下所列的各函数首部中，正确的是（　　）。

(A) void play(var a:integer,var b:integer)

(B) void play(int a,b)

(C) void play(int a,int b)

(D) sub play(a as integer,b as integer)

34. 以下程序运行后的输出结果是（　　）。

```
int d=1;
fun (int p)
{int d=5;
 d+=p++;
 printf("%d",d);
}
main()
{int a=3;
 fun(A) ;
 d+=a++;
 printf("%d\n",d);
}
```

(A) 84　　　　　(B) 99　　　　　(C) 95　　　　　(D) 44

35. C 语言中，函数能否嵌套调用和递归调用?（　　）

(A) 二者均不可　　　　　　　　(B) 前者可，后者不可

(C) 前者不可，后者可　　　　　(D) 二者均可

36. 函数调用 "strcat(strcpy(str1,str2),str3)" 的功能是（　　）。

(A) 将串 str1 复制到串 str2 之后再复制到 str3 之后

(B) 将串 str1 连接到串 str2 之后再复制到 str3 之后

(C) 将串 str2 复制到串 str1 之后再将 str3 连接到串 str1 之后

(D) 将串 str2 连接到串 str1 之后再将 str1 复制到串 str3 中

参考答案:

1. C　2. C　3. C　4. B　5. B　6. D　7. B　8. A　9. A　10. C　11. B　12. C
13. C　14. C　15. D　16. C　17. A　18. D　19. C　20. D　21. A　22. C　23. B
24. A　25. B　26. C　27. B　28. B　29. C　30. A　31. A　32. C　33. C　34. A
35. D　36. C

第5章 数 组

实验1 数组（一）

【实验目的】

1. 掌握一维、二维数组的定义。
2. 掌握数组赋值、输入和输出的方法。

【实验内容】

一、从键盘读入10个整数，编程求其和

程序如下：

```
#include<stdio.h>
main()
{int a[10],i,sum=0;
for(i=0;i<10;i++)
{scanf("%d",&a[i]);
sum=sum+a[i];}
printf("sum=%d",sum);
}
```

运行结果：

输入 <u>1 2 3 4 5 6 7 8 9 10</u>

sum= 55

二、对10个数组元素依次赋值为0,1,2,3,4,5,6,7,8,9，要求按逆序输出

程序如下：

```
#include<stdio.h>
main()
{int i,a[10];
for(i=0;i<=9;i++)
a[i]=i;
```

```
printf("逆序为:");
for(i=9;i>=0;i--)
printf("%d,",a[i]);
}
```

运行结果:

逆序为: 9,8,7,6,5,4,3,2,1,0,

三、编程输出 10 个数中的最大数

程序如下:

```
#include<stdio.h>
main()
{int a[10],i,max;
for (i=0;i<10;++i)
scanf("%d",&a[i]);
max=a[0];
for(i=1;i<10;i++)
{if(max<a[i])   max=a[i];}
printf("最大数为%d",max);
}
```

运行结果:

输入 <u>1 2 3 4 5 6 7 8 9 0</u> ✓

最大数为 9

四、利用数组输出图案

```
*  *  *  *  *
   *  *  *  *  *
      *  *  *  *  *
         *  *  *  *  *
            *  *  *  *  *
```

程序如下:

```
#include <stdio.h>
int main()
{ char a[5]={'*','*','*','*','*'};
  int i,j,k;
  char space=' ';
  for (i=0;i<5;i++)
    { printf("\n");
       printf("    ");
```

```
        for (j=1;j<=i;j++)
            printf("%c",space);
        for (k=0;k<5;k++)
            printf("%c",a[k]);
    }
    printf("\n");
    return 0;
}
```

实验思考:

① 数组下标数字有哪些含义?在上述程序中,a[0]~a[4]中各存放的是什么内容?

② 程序中的第一个 printf("\n");作用是什么?将其去掉则运行结果如何?

③ 将程序中 for (j=1;j<=i;j++)修改成 for (j=1;j<=5;j++),再运行程序,分析运行结果。

五、求一个矩阵对角线元素之和

程序如下:

```
#include <stdio.h>
main()
  { int a[3][3],sum=0;
   int   i , j;
   printf("please input data:\n");
   for(i=0;i<3;i++)
       for(j=0;j<3;j++)
           scanf("%d",&a[i][j]);
   for(i=0;i<3;i++)
           sum=sum+a[i][i];
   printf("sum=%6d\n",sum);
  }
```

运行结果:

输入 1 2 3 4 5 6 7 8 9 ✓

sum=   15

实验 2　数组(二)

【实验目的】

1. 进一步掌握一维、二维数组的定义、赋值、输入和输出的方法。

2. 掌握字符数组和字符串函数的使用。

3. 掌握数组做函数参数调用函数的方法。

【实验内容】

一、对一组数据排序

从键盘输入 10 个整数，用插入法对输入的数据按照从小到大的顺序进行排序。

程序如下：

```c
#include "stdio.h"
int main()
{
    int arr[10];
    int i,t,j;
    for(i=0;i<10;i++)
        scanf("%d",&arr[i]);          //从键盘输入 10 个整数
    for(i=1;i<10;i++)
    {
        t = arr[i];
        j = i;
        while((j>0) && (arr[j-1]>t))
        {
            arr[j]=arr[j-1];          //较大的数往后移动
            --j;                      //下标移动
        }
        arr[j]=t;
    }
    for(i=0;i<10;i++)
        printf("%d ",arr[i]);
}
```

运行结果见图 5-1。

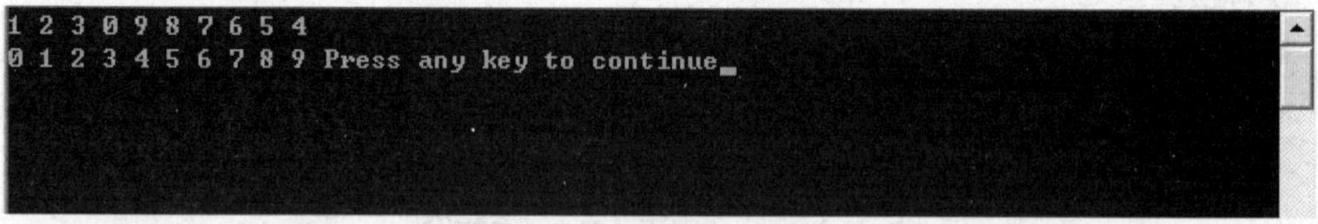

图 5-1　运行结果

二、用起泡排序法对 10 个整数升序排序

程序如下：

```c
#include <stdio.h>
int main()
{
```

```
int i,j,t,a[10];
printf("Please input 10 integers:\n");
for(i=0;i<10;i++)
scanf("%d",&a[i]);          //从键盘输入 10 个整数
for(i=0;i<9;i++) /* 起泡法排序 */
for(j=0;j<10-i-1;j++)
if(a[j]>a[j+1])
{
t=a[j];/* 交换 a[i]和 a[j] */
a[j]=a[j+1];
a[j+1]=t;
}
printf("The sequence after sort is:\n");
for(i=0;i<10;i++)
printf("%-5d",a[i]);
printf("\n");
system("pause");
return 0;
}
```

运行结果见图 5-2。

```
Please input 10 integers:
1 3 7 9 10 20 90 0 4 6
The sequence after sort is:
0    1    3    4    6    7    9    10   20   90
请按任意键继续. . .
```

图 5-2   运行结果

三、利用数组求素数问题

用筛选法求 300 以内的素数。程序如下：

```c
#include <stdio.h>
#include <math.h>
int main()
{int i,j,n,a[301];
    for (i=1;i<=300;i++)
        a[i]=i;
    a[1]=0;
    for (i=2;i<sqrt(300);i++)
        for (j=i+1;j<=300;j++)
            {if(a[i]!=0 && a[j]!=0)
```

```
            if (a[j]%a[i]==0)
                a[j]=0;
            }
        printf("\n");
        for (i=2,n=0;i<=300;i++)
          { if(a[i]!=0)
              {printf("%5d",a[i]);
               n++;
              }
            if(n==10)
              {printf("\n");
               n=0;}
          }
        printf("\n");
        return 0;
}
```

实验思考：

逐个判断数据是否素数，找出一个非素数，就把它挖掉，最后剩下的就是素数。

四、使输入的一个字符串按反序输出

程序如下：

```
#include <stdio.h>
#include <string.h>
int main()
{void inverse(char str[]);
 char str[100];
 printf("input string:");
 scanf("%s",str);
 inverse(str);
 printf("inverse string:%s\n",str);
 return 0;
}
void inverse(char str[])
 {char t;
  int i,j;
  for (i=0,j=strlen(str);i<(strlen(str)/2);i++,j--)
    {t=str[i];
     str[i]=str[j-1];
     str[j-1]=t;
    }
 }
```

运行结果：

input string: abcdef✓

inverse string: fedcba

五、利用函数将两个字符串相连

程序如下：

```
#include <stdio.h>
int main()
{void concatenate(char string1[],char string2[],char string[]);
 char s1[100],s2[100],s[100];
 printf("input string1:");
 scanf("%s",s1);
 printf("input string2:");
 scanf("%s",s2);
 concatenate(s1,s2,s);
 printf("\nThe new string is %s\n",s);
 return 0;
 }
void concatenate(char string1[],char string2[],char string[])
{int i,j;
 for (i=0;string1[i]!='\0';i++)
    string[i]=string1[i];
 for(j=0;string2[j]!='\0';j++)
    string[i+j]=string2[j];
 string[i+j]='\0';
}
```

运行结果：

input string1: abcde✓

input string2: ABCDE✓

The new string is abcdeABCDE

实验 3 数组（三）

【实验目的】

1. 进一步掌握一维、二维数组的定义、赋值、输入和输出的方法。

2. 进一步掌握字符数组和字符串函数的使用。

3. 进一步掌握数组做函数参数调用函数的方法。

【实验内容】

一、编程将两个字符串合并成一个字符串

（一）用 strcat( ) 函数

程序如下：

```
# include <stdio.h>
main( )
{ char st1[80],st2[10];
    printf("please input strings:\n");
    gets(st1);
    gets(st2);
    printf("合并字符串：%s\n",strcat(st1,st2));
}
```

运行结果见图 5-3。

```
please input strings:
abcd
efgh
合并字符串：abcdefgh
Press any key to continue
```

图 5-3 运行结果

（二）不用 strcat( ) 函数

程序如下：

```
main ( )
{ char s1[80],s2[10];
    int i=0, j=0;
    printf("\n Please input string 1:");
    scanf("%s",s1);
    printf("\n Please input string 2:");
    scanf("%s",s2);
    while(s1[i]!='\0')
        i++;
    while(s2[j]!='\0')
        s1[i++]=s2[j++];
        s1[i]='\0';
    printf("The new string is:%s",s1);
}
```

运行结果见图 5-4。

```
Please input string 1:abcd

Please input string 2:efgh

合并字符串:abcdefgh
Press any key to continue
```

图 5-4　运行结果

二、矩阵运算

已知 A 是一个 3 行 4 列的矩阵，B 是一个 4 行 5 列的矩阵，编程要求 A*B 所得到的新矩阵 C，并输出矩阵 C。程序如下：

```c
#include"stdio.h"
main( )
{ int a[3][4],b[4][5],c[3][5];
   int i,j,k,n=0;          //定义矩阵 I,j 分别为矩阵 a 的行和列;j,k 分别为矩阵 b 的行和列
   printf("\n 输入 3 行 4 列  a:\n");
   for(i=0;i<3;i++)
      for(k=0;k<4;k++)
         scanf("%d",&a[i][k]);          //输入矩阵 a
   printf("输入 4 行 5 列 b:\n");
   for(k=0;k<4;k++)
       for(j=0;j<5;j++)
          scanf("%d",&b[k][j]);          //输入矩阵 b
   for(i=0;i<3;i++)
      for(j=0;j<5;j++)
        {c[i][j]=0;
         for(k=0;k<4;k++)
            c[i][j]+=a[i][k]*b[k][j];     //计算出矩阵 c
        }
 printf("输出矩阵 c:\n");
 for(i=0;i<3;i++)
   for(j=0;j<5;j++)
     {printf("%4d",c[i][j]);
       n=n+1;                          //输出矩阵 c
      if(n==5)
         {printf("\n");                 //输出 5 个数据后换行
            n=0;
         }
      }
   }
```

运行结果见图 5-5。

图 5-5 运行结果

三、编程查找指定的字符

编程要求：在一个字符数组中查找一个指定的字符，若数组中含有该字符，则输出该字符在数组中第一次出现的位置（下标值），否则输出-1。程序如下：

```
# include <stdio.h>
# include <string.h>
main( )
{ char a[81],ch;
  int i,flag=0;
  printf("Please input numbers:\n");
  gets(A) ;                //输入字符串
  scanf("%c",&ch);         //输入一个字符
  for (i=0;a[i]!='\0';i++)
    if((a[i]-ch)==0)       //找到了
      { flag=1;
        printf("Find %c ,its position is %d\n",ch,j);
        break;
      }
    if (flag==0) //没找到
    printf("Not find,%d\n",-1);
}
```

实验思考：
① 总结实验中所出现的问题及解决方法。
② 讨论一维数组和二维数组的引用和初始化方法。
③ 讨论字符数组的引用和初始化方法。

单 元 测 试

1. 以下程序的输出结果是（　　）。

```
main()
{ char st[20]= "hello\0\t\\";
  printf("%d %d \n",strlen(st),sizeof(st));
}
```

(A) 9 9 　　　　 (B) 5 20 　　　　 (C) 13 20 　　　　 (D) 20 20

2. 以下程序的输出结果是（　　）。

```
main()
{ int a[4][4]={{1,3,5},{2,4,6},{3,5,7}};
  printf("%d%d%d%d\n",a[0][3],a[1][2],a[2][1],a[3][0]);
}
```

(A) 0650 　　　　 (B) 1470 　　　　 (C) 5430 　　　　 (D) 输出值不定

3. 以下程序段的输出结果是（　　）。

```
char s[]="\\141\141abc\t"; printf ("%d\n",strlen(s));
```

(A) 9 　　　　 (B) 12 　　　　 (C) 13 　　　　 (D) 14

4. 以下程序的输出结果是（　　）。

```
main()
{ int a[3][3]={ {1,2},{3,4},{5,6} },i,s=0;
  for(i=0;i<=2;i++)
  s+=a[i][j];
  printf("%d\n",s);
 }
```

(A) 5 　　　　 (B) 19 　　　　 (C) 20 　　　　 (D) 21

5. 以下程序片段的输出结果是（　　）。

```
char str[]="ab\n\012\\\""; printf( "%d",strlen(str));
```

(A) 3 　　　　 (B) 4 　　　　 (C) 6 　　　　 (D) 12

6. 以下程序段的输出结果是（　　）。

```
#include "stdio.h"
main()
{ char s1[10];
  scanf("%s",s1);
  puts(s1);
}
```

输入数据如下：aaaa bbbb cccc dddd ✓

(A) aaaa

(B) aaaa bbbb bbbb cccc cccc dddd dddd

(C) aaaa

(D) aaaa bbbb bbbb cccc cccc dddd dddd eeee

7. 合法的数组定义是（　　）。

(A) int a[]="string";

(B) int a[5]={0,1,2,3,4,5};

(C) char s="string";

(D) char a[]={0,1,2,3,4,5};

8. 以下不能把字符串"Hello!"赋给数组 b 的语句是（　　）。

(A) char b[10]={'H','e','l','l','o','!'};

(B) char b[10];b="Hello!";

(C) char b[10];strcpy(b,"Hello!");

(D) char b[10]="Hello!";

9. C 语言中数组下标的下限是（　　）。

(A) 1　　　　　　(B) 0　　　　　(C) 视具体情况　　　　　(D) 无固定下限

10. 假定 int 类型变量占用两个字节，其有定义"int x[10]={0,2,4};"，则数组 x 在内存中所占字节数是（　　）。

(A) 3　　　　(B) 6　　　　(C) 10　　　　(D) 20

11. 若有定义和语句"char s[10];s="abcd";printf("%s\n",s);"，则输出结果是（　　）。(以下 u 代表空格)

(A) 输出 abcd　　　　　　　(B) 输出 a

(C) 输出 abcduuuuuu　　　　(D) 编译不通过

12. 以下程序的输出结果是（　　）。

```
#include<stdio.h>
#include<string.h>
void main( )
{ char ch[3][5]={"AAAA","BBB","CC"};
    printf("%s\n",ch[1]);
}
```

(A) AAAA　　　　　(B) BBB　　　　(C) BBBCC　　　　(D) CC

13. 设有数组定义 "char array [ ]="China";"，则数组 array 所占的空间为（　　）。

(A) 4 个字节　　　(B) 5 个字节　　　(C) 6 个字节　　　(D) 7 个字节

14. 下列描述中不正确的是（　　）。

(A) 字符型数组中可以存放字符串

(B) 可以对字符型数组进行整体输入、输出

(C) 可以对整型数组进行整体输入、输出

(D) 不能在赋值语句中通过赋值运算符"="对字符型数组进行整体赋值

15. 执行下列程序时输入(u 表示空格):1u23u456u789，则输出结果是（　　）。

```
main()
{ char s[100]; int c, i;
  scanf("%c",&c);
  scanf("%d",&i);
  scanf("%s",s);
  printf("%c,%d,%s \n",c,i,s);
}
```

(A) 123,456,789   (B) 1,456,789   (C) 1,23,456,789   (D) 1,23,456

16. 以下程序的输出结果是（   ）。

```
#include<stdio.h>
#include<string.h>
void main( )
{ int i, x[3][3]={1,2,3,4,5,6,7,8,9};
   for(i=0;i<3;i++)
   printf("%d,",x[i][2-i]);
}
```

(A) 1,5,9   (B) 1,4,7   (C) 3,5,7   (D) 3,6,9

17. 以下程序运行后的输出结果是（   ）。

```
#include "stdio.h"
main ()
{ int y=18,i=0,j,a[8];
do
{ a[i]=y%2;i++; y=y/2; }
while(y>=1);
for(j=i-1;j>=0;j--)
   printf("%d",a[j]);
printf("\n");
}
```

(A) 1000   (B) 10010   (C) 00110   (D) 10100

18. 以下程序的输出结果是（   ）。

```
main()
{int i, a[10];
  for(i=9;i>=0;i--)
     a[i]=10-i;
  printf("%d%d%d",a[2],a[5],a[8]);
}
```

(A) 258   (B) 741   (C) 852   (D) 369

19. 以下程序的输出结果是（   ）。

```
main()
{int b[3][3]={0,1,2,0,1,2,0,1,2},i,t=1;
 for(i=0;i<=2;i++)
    t=t+b[i][b[i][i]];
 printf("%d\n",t);
}
```

(A) 3　　　　　　　(B) 4　　　　　　(C) 1　　　　　　(D) 9

20. 以下程序的输出结果是（　　）。

```
main( )
{ int i;
 for(i='A';i<'I';i++,i++)
    printf("%c",i+32);
 printf(" \n");
}
```

(A) 编译不通过，无输出　　(B) aceg　　(C) acegi　　(D) abcdefghi

21. 下述对 C 语言字符数组的描述中错误的是（　　）。

(A) 字符数组可以存放字符串

(B) 字符数组中的字符串可以整体输入、输出

(C) 可以在赋值语句中通过赋值运算符"="对字符数组整体赋值

(D) 不可以用关系运算符对字符数组中的字符串进行比较

22. 当（　　），可以不指定数组长度。

(A) 对静态数组赋初值　　　　　(B) 对动态数组赋初值

(C) 只给一部分元素赋值　　　　(D) 对全部数组元素赋初值

23. 有语句 "char str1[10],str2[10]={"china"};"，则能将字符串 china 赋给数组 str1 的正确语句是（　　）。

(A) str1={"china"};　　　　　　(B) strcpy(str1,str2);

(C) str1=str2;　　　　　　　　(D) strcpy(str2,str1);

24. 若有说明 "int a[3][4];"，则数组 a 中各元素（　　）。

(A) 可在程序的运行阶段得到初值 0

(B) 可在程序的编译阶段得到初值 0

(C) 不能得到确定的初值

(D) 可在程序的编译或运行阶段得到初值 0

25. 以下程序（　　）。(每行程序前面的数字表示行号)

```
1  main()
2  {
3    int a[3]={3*0};
4    int i;
5    for(i=0;i<3;i++) scanf("%d",&a[i]);
6    for(i=1;i<3;i++) a[0]=a[0]+a[i];
```

```
7    printf("%d\n",a[0]);
8  }
```

(A) 第 3 行有错误　　　　　　　(B) 第 7 行有错误

(C) 第 5 行有错误　　　　　　　(D) 没有错误

26. 若二维数组 a 有 m 列，则计算任一元素 a[i][j] 在数组中位置的公式为（　　）。(假设 a[0][0]位于数组的第一个位置上)

(A) i*m+j　　　(B) j*m+i　　　(C) i*m+j-1　　　(D) i*m+j+1

27. 对以下说明语句的正确理解是（　　）。

int a[10]={6,7,8,9,10};

(A) 将 5 个初值依次赋给 a[1]至 a[5]

(B) 将 5 个初值依次赋给 a[0]至 a[4]

(C) 将 5 个初值依次赋给 a[6]至 a[10]

(D) 因为数组长度与初值的个数不相同，所以此语句不正确

28. 以下不正确的定义语句是（　　）。

(A) double x[5]={2.0,4.0,6.0,8.0,10.0};

(B) int y[5]={0,1,3,5,7,9};

(C) char c1[]={'1','2','3','4','5'};

(D) char c2[]={'\x10','\xa','\x8'};

29. 若有说明 "int a[][3]={1,2,3,4,5,6,7};"，则 a[0][2]的值是（　　）。

(A) 2　　　(B) 3　　　(C) 4　　　(D) 无确定值

30. 合法的数组定义是（　　）。

(A) int b[5]="123456";　　　　　(B) int b[5]={0，1，2，3，4，5};

(C) char b="123456";　　　　　　(D) char b[ ]={0,1,2,3,4,5};

31. 给出以下数组定义，正确的叙述是（　　）。

char x[]="abcde";

char y[]={'a','b','c','d','e'};

(A) 数组 x 和数组 y 完全等价

(B) 数组 x 和数组 y 的长度相同

(C) 数组 x 的长度小于数组 y 的长度

(D) 数组 x 的长度大于数组 y 的长度

32. 以下程序的输出结果是（　　）。

```
#include<stdio.h>
#include<string.h>
void main( )
{ int a[3][3]={{1,3,5},{2,4,6},{3,5,7}};
    printf("%d%d%d%d\n",a[0][2],a[1][2],a[2][1],a[2][0]);
}
```

(A) 5653　　　(B) 1472　　　(C) 5432　　　(D) 3322

33. 以下能正确定义数组并且正确赋初值的语句是（　　）。

(A) int N=5,b[N][N];　　　　　　　(B) int a[1][2]={{1},{3}};

(C) int c[2][]={{1,2},{3,4}};　　　　(D) int d[3][2]={{1,2},{34}};

34. 以下程序的输出结果是（　　）。

```
#include<stdio.h>
#include<string.h>
void main( )
{ int aa[4][4]={{1,2,3,4},{5,6,7,8},{3,9,10,2},{4,2,9,6}};
  int i,s=0;
  for(i=0;i<4;i++)
  s+=aa[i][1];
  printf("%d\n",s);
}
```

(A) 11　　　　　　(B) 19　　　　　　(C) 13　　　　　　(D) 20

35. 以下定义语句中错误的是（　　）。

(A) int n=5,a[n];　　　　　　　　(B) char[3];

(C) char s[10]="text";　　　　　　(D) int a[]={1,2};

36. 有定义　int ay[5];对 ay 数组元素错误的引用是（　　）。

(A) ay[0]　　　　(B) ay[1+2]　　　　(C) ay[5]　　　　(D) ay[4]

37. 以下程序的输出结果是（　　）。

```
#include <stdio.h>
void main( )
{ static int a[]={3,9,12,15,18,21,24},i;
    for(i=0;i<7;i++,i++)
    printf("%5d",a[i]);
}
```

(A) 3 12 18 24　　　(B) 3 9 12 15 18 21 24　　　(C) 9 15 21　　　(D) 3 9 12 15

38. 以下程序的功能是用冒泡排序法对数组进行升序排列，正确答案是（　　）。

```
#include <stdio.h>
void main( )
{ int i,j,k,a[10];
printf("Please input 10 numbers:\n");
for(i=0;i<10;i++)
scanf("%d",&a[i]);
for(j=1;j<=9;j++)
for(i=0;i<10-j;i++)
if(--------)
  {k=a[i];a[i]=a[i+1];a[i+1]=k;}
  printf("The sorted numbers:\n");
for(i=0;i<10;i++)
```

```
    printf("%4d",a[i]);
 }
```
(A) a[i]>a[i+1]　　　　　(B) a[i]<a[i+1]　　　　　(C) a[i]>a[j]　　　　(D) a[i]<a[j]

39. 下列程序段运行后的输出结果是（　　）。

```
char s[5]={'a','b','\0','c','\0'};
printf("%s",s);
```
(A) 'a"b'　　　　　(B) ab　　　　　(C) abc　　　　(D) ab\0c\0

40. 以下程序的输出结果是（　　）。

```
#include<stdio.h>
#include<string.h>
void main( )
{char a[20]="1234567";char b[4]="abc";
 strcpy(a,b);
 a[3]='&';
 printf("%c\n",a[4]);
}
```
(A) c　　　　　(B) \o　　　　　(C) 5　　　　(D) 4

参考答案：

1. B　2. A　3. A　4. A　5. C　6. A　7. D　8. B　9. B　10. D　11. D　12. B
13. C　14. C　15. D　16. C　17. B　18. C　19. B　20. B　21. C　22. B　23. B
24. A　25. D　26. B　27. B　28. B　29. B　30. D　31. D　32. A　33. D　34. B
35. A　36. C　37. A　38. A　39. B　40. C

第 6 章 指 针

实验 1 指针（一）

【实验目的】

1. 掌握指针的概念，掌握指针变量的定义与引用。
2. 掌握使用数组的指针和指向数组的指针变量的使用方法。
3. 掌握使用字符串的指针和指向字符串的指针变量的使用方法。
4. 熟练使用数组指针、字符串指针的使用方法。
5. 掌握函数的指针和指向函数的指针变量的使用方法。

【实验内容】

一、利用指针，求两个数的和、差与积

程序如下：

```c
#include <stdio.h>
main ( )
{ int a=10,b=20,s,t,m,*pa,*pb;
  pa=&a;
  pb=&b;
  s=*pa + *pb;
  t=*pa - *pb;
  m=*pa * *pb;
  printf ("s=%d\nt=%d\nm=%d\n",s,t,m);
}
```

运行结果：

s=30

t=-10

m=200

二、输入一行文字，找出其中大写字母、小写字母、空格、数字的个数

程序如下：

```
#include <stdio.h>
main()
  { char    s[100],*p;
    int lowc=0, upc=0, space=0, num=0;
    gets(s); p=s;
    while(*p)
        {if(*p>='A' && *p<='Z')upc++;
         else if(*p>='a' && *p<='z')lowc++;
             else if(*p>='0' && *p<='9')num++;
                 else if(*p==' ')space++;
            p++;
        }
        printf("\n upc=%d lowc=%d num=%d space=%d", upc, lowc, num, space);
  }
```

运行结果见图 6-1。

图 6-1 运行结果

三、编写一个通用函数 rtrim

函数原型是 "char *rtrim(char *s);"，该函数的功能是删去字符串的尾部空格。写出这个函数，并在主函数中调用 rtrim 函数消去某个字符串尾部空格。程序如下：

```
#include <stdio.h>
#include <string.h>
char* rtrim(char *s)
{    char *p=s+strlen(s)-1;
     while(p>=s&& *p==' ')
          --p;
     *++p='\0';
```

```
        return s;
}
main()
{
    char s[]="hello!        ";
    printf("%sok!\n",rtrim(s));
}
```

运行结果：

hello!ok!

四、求一字符串的子串，要求求子串的功能用函数实现

函数原型为"char *substr(char *s,int pos,int len);"即从 s 字符串的 pos 位置起，取 len 个字符组成新的字符串作为函数的返回值,pos 的位置从 1 开始，如 substr("1234",2,2)返回的子串是"23"。程序如下：

```
#include <stdio.h>
#include <string.h>
char *substr(char *s,int pos,int len)
{char *p=s+pos-1;
    int i=0;
    char *q=p;
    if(pos>strlen(s)) return "";
    while(i<len && *p)
    {p++;
        i++;
    }
    *p='\0';
    s=q;
    return s;
    }
main()
{char s[]="Hello";
    printf("输出子串：%s\n",substr(s,2,3));
}
```

运行结果：

输出子串：ell

实验 2　指针（二）

【实验目的】

1. 进一步掌握指针的概念，掌握指针变量的定义与引用。
2. 进一步掌握使用数组的指针和指向数组的指针变量的使用方法。
3. 进一步掌握使用字符串的指针和指向字符串的指针变量的使用方法。

【实验内容】

一、指针变量的引用

有三个整数 x,y,z，设置三个指针变量 p1,p2 ,p3，分别指向 x,y,z。然后通过指针变量使 x,y,z 三个变量交换顺序，即原来 x 的值给 y,把 y 的值给 z，z 的值给 x。x,y,z 的原值由键盘输入，要求输出 x,y,z 的原值和新值。程序如下：

```
#include<stdio.h>
main()
{ int x,y,z,t ;
int *p1,*p2,*p3;
printf("Please input 3 numbers:");
scanf("%d,%d,%d",&x,&y,&z);
p1=&x;
p2=&y;
p3=&z;
printf("old values are :\n");
printf("%d,%d,%d\n",x,y,z);
t=*p3;
*p3=*p2;
*p2=*p1;
*p1=t;
printf("new valies are:\n");
printf("%d,%d,%d \n",x,y,z);
}
```

运行结果：

Please input 3 numbers:1,2,3 ↙

old values are :

1,2,3

new valies are:

3,1,2

二、将字符中 computer 赋给一个字符数组

编一程序，将字符串 computer 赋给一个字符数组，然后从第一个字母开始间隔地输出该串。请用指针完成。程序如下：

```
#include <stdio.h>
  main( )
  { static char x[ ]="computer";
    char *p;
    for(p=x;p<x+7;p+=2)
    putchar(*p);
    printf("\n");
  }
```

运行结果：

cmue

实验思考：

若将程序中的 p+=2 改变为 p+=3，运行结果是什么？

三、当从键盘输入整数 1～12 时显示相应月份

要求：用 12 个月份的英文名称初始化一个字符指针数组，当从键盘输入整数为 1～12 时，显示相应的月份名，键入其他整数时显示错误信息。程序如下：

```
#include <stdio.h>
main( )
  {char *months[ ]={"January","February","March","April","May","June","July",
                    "August","September","October","November","December"};
  int n;
  printf("月份：");
  scanf("%d",&n);
  if(n<=12&&n>=1)
     printf("%d 月的英文名称是%s\n",n,*(months+n-1));
  else
     printf("输入的月份无效!\n");
  }
```

运行结果：

月份：1↙

1 月的英文名称是 January

实验思考:

将程序中的*(months+n-1)改成*(months+n),运行结果是什么?为什么?

四、求一个字符串的长度

在 main 函数中输入字符串,并输出其长度。程序如下:

```c
#include <stdio.h>
int main()
{int length(char *p);
 int len;
 char str[20];
 printf("input string:    ");
 scanf("%s",str);
 len=length(str);
 printf("The length of string is %d.\n",len);
 return 0;
}
int length(char *p)
{int n;
 n=0;
 while (*p!='\0')
   {n++;
    p++;
   }
 return(n);
}
```

运行结果:

input string: <u>abcdef</u>✓

The length of string is 6 .

实验 3　指针(三)

【实验目的】

1. 进一步熟练使用数组指针、字符串指针的使用方法。

2. 进一步掌握函数的指针和指向函数的指针变量的使用方法。

【实验内容】

一、输入 n 个数值，逆序输出，用函数实现

程序如下：

```
#include <stdio.h>
int main()
{void sort (char *p,int m);
 int i,n;
 char *p,num[20];
 printf("input n:");                   //n 值是输入数值的个数
 scanf("%d",&n);
 printf("please input these numbers:\n");
 for (i=0;i<n;i++)
    scanf("%d",&num[i]);
 p=&num[0];
 sort(p,n);
 printf("Now,the sequence is:\n");
 for (i=0;i<n;i++)
  printf("%d ",num[i]);
printf("\n");
return 0;
}
void sort (char *p,int m)              //将 n 个数逆序的函数
{int i;
 char temp, *p1,*p2;
 for (i=0;i<m/2;i++)
  {p1=p+i;
   p2=p+(m-1-i);
   temp=*p1;
   *p1=*p2;
   *p2=temp;
  }
 }
```

运行结果：

input n:5 ✓

please input these numbers:

11　55　22　88　0 ✓

Now,the sequence is:

0　88　22　55　11

二、将一个 3×3 的整型矩阵转置

程序如下：

```c
#include <stdio.h>
int main()
{void move(int *pointer);
 int a[3][3],*p,i;
 printf("input matrix:\n");
 for (i=0;i<3;i++)
    scanf("%d %d %d",&a[i][0],&a[i][1],&a[i][2]);
 p=&a[0][0];
 move(p);
 printf("Now,matrix:\n");
 for (i=0;i<3;i++)
    printf("%d %d %d\n",a[i][0],a[i][1],a[i][2]);
 return 0;
}
 void move(int *pointer)
   {int i,j,t;
    for (i=0;i<3;i++)
      for (j=i;j<3;j++)
        {t=*(pointer+3*i+j);
         *(pointer+3*i+j)=*(pointer+3*j+i);
         *(pointer+3*j+i)=t;
        }
   }
```

运行结果：

```
input matrix:
1 2 3 ↙
4 5 6 ↙
7 8 9 ↙
Now,matrix:
1 4 7
2 5 8
3 6 9
```

三、整数位置对换

要求：输入 10 个整数，将其中最小的数与第 1 个数对换，把最大的数与最后一个数对换。

编程要求用 3 个函数来完成：第一个函数完成输入 10 个整数，第二个函数完成将其中最小的数与第 1 个数对换，把最大的数与最后一个数对换，第三个函数完成输出 10 个数。

程序如下：

```c
#include <stdio.h>
int main()
 { void input(int *);
   void max_min_value(int *);
   void output(int *);
   int number[10];
   input(number);
   max_min_value(number);
   output(number);
   return 0;
 }
void input(int *number)
{int i;
 printf("input 10 numbers:");
 for (i=0;i<10;i++)
    scanf("%d",&number[i]);
 }
void max_min_value(int *number)
{ int *max,*min,*p,temp;
  max=min=number;
  for (p=number+1;p<number+10;p++)
    if (*p>*max)   max=p;
    else if (*p<*min)   min=p;
  temp=number[0];number[0]=*min;*min=temp;
  if(max==number) max=min;
  temp=number[9];number[9]=*max;*max=temp;
 }
void output(int *number)
  {int *p;
  printf("Now,they are:      ");
  for (p=number;p<number+10;p++)
     printf("%d ",*p);
  printf("\n");
  }
```

运行结果：

input 10 numbers: <u>99   1   2   3   4   0   5   6   7   8</u> ↙

Now,they are: 0   1   2   3   4   8   5   6   7   99

四、复制字符串

有一个字符串，包含 n 个字符。编写一个函数，将此字符串从第 m 个字符开始的全部字符复制成另一个字符串。程序如下：

```
#include <stdio.h>
#include <string.h>
int main()
{void copystr(char *,char *,int);
 int m;
 char str1[20],str2[20];
 printf("input string:");
 gets(str1);
 printf("which character that begin to copy?");
 scanf("%d",&m);
 if (strlen(str1)<m)
   printf("input error!");
 else
   {copystr(str1,str2,m);
    printf("result:%s\n",str2);
   }
 return 0;
}
void copystr(char *p1,char *p2,int m)
{int n;
 n=0;
 while (n<m-1)
   {n++;
    p1++;
   }
 while (*p1!='\0')
   {*p2=*p1;
    p1++;
    p2++;
   }
 *p2='\0';
}
```

运行结果：

input string：<u>abcdefjhijk</u>↙

which character that begin to copy? <u>5</u> ↙

result：efjhijk

实验思考：

① 总结实验中所出现的问题及解决方法。

② 总结指针使用方法。

③ 讨论指针在字符串中的使用方法。

单 元 测 试

1. 变量的指针，其含义是指该变量的（   ）。

(A) 值   (B) 地址   (C) 名   (D) 一个标志

2. 若有语句"int *point,a=4;和 point=&a;"，下面均代表地址的一组选项是（   ）。

(A) a,point,*&a

(B) &*a,&a,*point

(C) &a,&*point ,point

(D) *&point,*point,&a

3. 设有定义"char *aa[2]={"abcd","ABCD"};"则以下正确的是（   ）。

(A) aa 数组元素的值分别是"abcd"和 ABCD"

(B) aa 是指针变量，它指向含有两个数组元素的字符型一维数组

(C) aa 数组的两个元素分别存放的是含有 4 个字符的一维字符数组的首地址

(D) aa 数组的两个元素中各自存放了字符'a'和'A'的地址

4. 下面程序段的运行结果是（   ）。

char *s="abcde";

s+=2;printf("%c",*s);

(A) cde   (B) 字符'c'

(C) 字符'c'的地址   (D) 无确定的输出结果

5. 设 p1 和 p2 是指向同一个字符串的指针变量，c 为字符变量，则以下不能正确执行的赋值语句是（   ）。

(A) c=*p1+*p2;   (B) p2=c

(C) p1=p2   (D) c=*p1*(*p2)

6. 下面程序的输出结果是（   ）。

main()

{int a[10]={1,2,3,4,5,6,7,8,9,10},*p=a;

 printf("%d\n",*(p+2));

}

(A) 3   (B) 4   (C) 1   (D) 2

7. 若有说明语句"char a[]="It is mine";char *p="It is mine";"，则以下不正确的叙述是（   ）。

(A) a+1 表示的是字符 t 的地址

(B) p 指向另外的字符串时，字符串的长度不受限制

(C) p 变量中存放的地址值可以改变

(D) a 中只能存放 10 个字符

8. 下面程序的运行结果是（　　）。

```
#include"stdio.h"
main()
{char *s1="AbDeG";
 char *s2="AbdEg";
   s1+=2;
   s2+=2;
  printf("%d\n",strcmp(s1,s2));
 }
```

(A) 1　　　　　　(B) -1　　　　　　(C) 零　　　　　　(D) 不确定的值

9. 若 x 为 int 型变量，p 是指向 int 型数据的指针变量，则正确的赋值表达式为（　　）。

(A) *p=*x　　　(B) &p=&x　　　(C) p=x　　　(D) p=&x

10. 运行下列程序段之后，变量 a 的值是（　　）。

```
int *p,a=10,b=1;
p=&a;
a=*p+b;
```

(A) 10　　　　(B) 12　　　　(C) 11　　　　(D) 编译出错

11. 若有说明 "int i,j=2,*p=&j;"，则能完成 i=j 赋值功能的语句是（　　）。

(A) i=*p;　　　(B) *p=*&j;　　　(C) i=&j;　　　(D) i=**p;

12. 已知 "char s[10];"，则以下不能表示 s[1]地址的选项是（　　）。

(A) s+1　　　(B) ++s　　　(C) &s[0]+1　　　(D) &s[1]

13. 运行以下程序段后，b 中的值是（　　）。

```
int a[10]={1,2,3,4,5,6,7,8,9,10},*p=&a[3],b;
b=p[5];
```

(A) 5　　　　(B) 6　　　　(C) 8　　　　(D) 9

14. 若有 "int a[10]={1,2,3,4,5,6,7,8,910},*p=a;"，则数值为 9 的表达式是（　　）。

(A) *p+9　　　(B) *(p+8)　　　(C) *p+=9　　　(D) p+8

15. 以下程序运行后的输出结果是（　　）。

```
#include<stdio.h>
void main()
{int x[8]={8,7,6,5,0,0},*s;
 s=x+3;
 printf("%d\n",s[2]);
 }
```

(A) 随机数　　　(B) 0　　　　(C) 5　　　　(D) 6

16. 以下程序运行后的输出结果是（　　）。

```
#include<stdio.h>
void main()
{char *p="abcde\()fghjik\0";
 printf("%d",strlen(p));
}
```

(A) 13   (B) 15   (C) 6   (D) 5

17. 以下程序运行后的输出结果是（   ）。

```
#include<stdio.h>
void sum(int *a)
{a[0]=a[1];}
main()
{   int aa[10]={1,2,3,4,5,6,7,8,9,10},i;
for(i=2;i>=0;i--)sum(&aa[i]);
printf("%d",aa[0]);
}
```

(A) 4   (B) 3   (C) 2   (D) 1

18. 以下程序运行后的输出结果是（   ）。

```
#include<stdio.h>
#include<string.h>
void main()
{char   *p[10]={"abc","aabdfg","dcdbe","abbd","cd"};
   printf("%d",strlen(p[4]));
}
```

(A) 2   (B) 3   (C) 4   (D) 5

19. 以下程序在执行了"c=&b;b=&a;"语句后，表达式"**c"的值是（   ）。

```
main()
{int a=5,*b,**c;
 c=&b;b=&a;
...
}
```

(A) 变量 a 的地址   (B) 变量 b 中的值
(C) 变量 a 中的值   (D) 变量 b 的地址

20. 定义以下函数的功能是（   ）。

```
fun(char   *p2,char   *p1)
{while((*p2=*p1)!='\0')
{p1++;p2++}
}
```

(A) 将 p1 所指字符串复制到 p2 所指内存空间
(B) 将 p1 所指字符串的地址赋给指针 p2

(C) 对 p1 和 p2 两个指针所指字符串进行比较

(D) 检查 p1 和 p2 两个指针所指字符串中是否有'\0'

21. 若有以下说明和语句，则对数组元素正确引用的是（　　）。

```
int    a[4][5],*p;
p=*a;
```

(A) *(p+3)　　　　　(B) *(*p+2)　　　　　(C) p+1　　　　　(D) *(a+3)

22. 以下程序运行后的输出结果是（　　）。

```
#include<stdio.h>
#include<string.h>
void main (    )
{char *s[]={"one","two","three"},*p;
 p=s[1];
 printf("%c,%s",*(p+1),s[0]);
}
```

(A) n,two　　　　　(B) t,one　　　　　(C) w,one　　　　　(D) o,two

23. 以下程序运行后的输出结果是（　　）。

```
#include<stdio.h>
#include<string.h>
void main (    )
{int a[3][3],*p,i;
   p=&a[0][0];
   for(i=0;i<9;i++)
     p[i]=i+1;
  printf("%d",a[1][2]);
}
```

(A) 3　　　　　(B) 6　　　　　(C) 9　　　　　(D) 随机数

24. 以下程序运行后的输出结果是（　　）。

```
#include<stdio.h>
void func(int *a,int b[])
{ b[0]=*a+6;
}
void   main (    )
{ int a,b[5];
 a=0;
 b[0]=3;
 func(&a,b);
 printf("%d\n",b[0]);
}
```

(A) 6　　　　　(B) 7　　　　　(C) 8　　　　　(D) 9

25. 以下程序运行后的输出结果是（　　）。

```
main( )
{char *s="abcde";
 s+=2;
 print("%ld \n",s);
}
```

(A) cde　　　　(B) 字符 c 的 ASCLL 码值　　　(C) 字符 C 的地址　　　(D) 出错

26. 以下程序运行后的输出结果是（　　）。

```
#include<stdio.h>
void fun(char *a,char *b)
{a=b; (*a)++;}
void main()
{char   c1='A',c2='a',*p1,*p2;
 p1=&c1;
 p2=&c2;
 fun(p1,p2);
 printf("%c%c\n",c1,c2);
}
```

(A) Ab　　　　(B) aa　　　　　　　(C) Aa　　　　　　　(D) Bb

27. 以下程序运行后的输出结果是（　　）。

```
main()
{static char a[]="ABCDEFGH",b[]="abCDefGh";
 char *p1,*p2;
 int k; p1=a;
 p2=b;
 for(k=0;k<=7;k++)
   if (*(p1+k)==*(p2+k))
       printf("%c",*(p1+k));
 printf("\n");
}
```

(A) ABCDEFG　　　(B) CDG　　　(C) abcdefgh　　　(D) abCDefGh

28. 若有定义"int *p[3];"，则以下叙述中正确的是（　　）。

(A) 定义了一个基类型为 int 的指针变量 p，该变量具有三个指针

(B) 定义了一个指针数组 p，该数组含有三个元素，每个元素都是基类型为 int 的指针

(C) 定义了一个名为*p 的整形数组，该数组含有三个 int 类型元素

(D) 定义了一个可指向一维数组的指针变量 p，所指一维数组应具有三个 int 类型元素

29. 下面程序是调用 findmax 函数返回数组中的最大值，正确答案是（　　）。

```
#include<stdio.h>
findmax(int *a,int n)
{int *p,*s;
for(p=a,s=a;p-a<n;p++)
if(_____) s=p;
return *s;
}
void main (    )
{ int x[5]={12,10,13,6,18};
printf("%d",findmax(x,5));
}
```

(A) p>s   (B) *p>*s   (C) a[p]>a[s]   (D) p-a=p-s

30. 以下函数的功能是：通过键盘输入数据，为数组中的所有元素赋值。在下划线中应填入的是（   ）。

```
# define N 10
void arrin(int x[N])
{   int   i=0;
while(i<N)
scanf("%d",_____);
}
```

(A) x+i   (B) &x[i++]   (C) x+(++i)   (D) &x[++i]

31. 若有以下说明，则数值为 4 的表达式是（   ）。

```
int w[3][4]={{0,1},{2,4},{5,8}};
int(*p)[4]=w;
```

(A) *w[1]+1   (B) p++,*(p+1)   (C) w[2][2]   (D) p[1][1]

32. 若有以下说明和语句，则对 c 数组元素的正确引用是（   ）。

```
int c[4][5], (*cp)[5]; cp=c;
```

(A) cp+1   (B) *(cp+3)   (C) *(cp+1)+3   (D) *(*cp+2)

33. 以下程序的输出结果是（   ）。

```
fut (int**s,int p[2][3])
{ **s=p[1][1]; }
main( )
{ int a[2][3]={1,3,5,7,9,11},*p;
 p=(int*)malloc(sizeof(int));
 fut(&p,a); primtf("%d\n",*p);
}
```

(A) 1   (B) 7   (C) 9   (D) 11

34. 若有定义 "char s[20]="programming",*ps=s;"，则不能代表字符 o 的表达式是（   ）。

(A) ps+2   (B) s[2]   (C) ps[2]   (D) ps+=2,*ps

35. 若有说明 "double *p,a;"，则能通过 scanf 语句给输入项读入数据的程序段是（　　）。

(A) *p=&a; scanf("%lf",p);

(B) p=(double *)malloc(8);scanf("%f",p);

(C) p=&a;scanf("%lf",a);

(D) p=&a; scanf("%le",p);

36. 若定义 "int a[ ]={0,1,2,3,4,5,6,7,8,9}, *p=a,i;"，其中 0≤i≤9，则对 a 数组元素不正确的引用是（　　）。

(A) a[p-a]　　　　(B) *(&a[i])　　　　(C) p[i]　　　　(D) a[10]

37. 若 x 是整型变量，pb 是基类型为整型的指针变量，则正确的赋值表达式是（　　）。

(A) pb=&x　　　(B) pb=x;　　　(C) *pb=&x;　　　(D) *pb=*x

38. 有程序段 "int *p,a=10,b=1; p=&a; a=*p+b;"，执行该程序段后，a 的值为（　　）。

(A) 12　　　　(B) 11　　　　(C) 10　　　　(D) 编译出错

39. 下列程序的输出结果是（　　）。

```
int b=2; int func(int *a)
  { b += *a;
    return(B) ;
  }
main()
  {int a=2, res=2;
  res += func(&a);
  printf("%d \n",res);
}
```

(A) 4　　　　(B) 6　　　　(C) 8　　　　(D) 10

40. 若从键盘上输入 "OPEN THE DOOR↙"，则以下程序的输出结果是（　　）。

```
#include"stdio.h"
char fun(char *c)
{if( *c<='Z' && *c>='A') *c-='A'-'a'; return *c; }
main()
{ char s[81], *p=s; gets(s);
while(*p)
  {*p=fun(p); putchar(*p);   p++;}
  putchar('\n');
}
```

(A) oPEN tHE dOOR　　(B) open the door　　(C) OPEN THE DOOR　　(D) Open The Door

参考答案：

1. B　2. C　3. D　4. B　5. B　6. A　7. B　8. B　9. D　10. C　11. A　12. B

13. D　14. B　15. B　16. A　17. A　18. A　19. C　20. A　21. A　22. C　23. B

24. A　25. C　26. A　27. B　28. B　29. B　30. B　31. D　32. D　33. C　34. A

35. D　36. D　37. A　38. B　39. B　40. B

第7章　结构体类型及其他构造类型

实验　结构体类型及其他构造类型的应用

【实验目的】

1. 掌握结构体类型和结构体变量的定义及使用。
2. 掌握结构体类型数组的概念和应用。
3. 掌握共用体的概念和使用。

【实验内容】

一、编程范例(1)

应用结构体类型，编写 input()和 output()函数，输入、输出 5 个学生的数据记录。
程序如下：

```
#define N 5
struct student
{ char num[6];
  char name[8];
  int score[4];
} stu[N];
input(stu)
struct student stu[];
{ int i,j;
  for(i=0;i<N;i++)
  { printf("\n please input %d of %d\n",i+1,N);
    printf("num: ");
    scanf("%s",stu[i].num);
    printf("name: ");
    scanf("%s",stu[i].name);
    for(j=0;j<3;j++)
    { printf("score %d：",j+1);
```

```
        scanf("%d",&stu[i].score[j]);
    }
    printf("\n");
  }
}
print(stu)
struct student stu[];
{ int i,j;
  printf("\nNo. Name Sco1 Sco2 Sco3\n");
  for(i=0;i<N;i++)
  { printf("%-6s%-10s",stu[i].num,stu[i].name);
    for(j=0;j<3;j++)
    printf("%-8d",stu[i].score[j]);
    printf("\n");
  }
}
main()
  { input();print();}
```

运行结果见图 7-1。

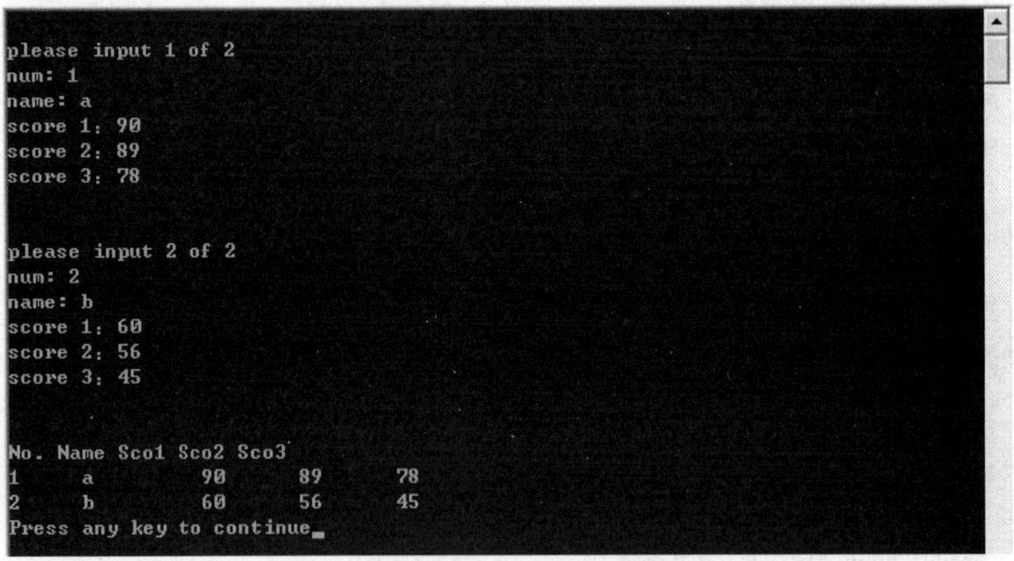

图 7-1　运行结果

二、编程范例(2)

N 个人围成一圈,从第 1 个人开始顺序报号 1,2,3,凡是报到 3 者退出圈子,找出最后留在圈子中的人原来的序号。要求用链表处理。程序如下:

```c
#include <stdio.h>
#define N 13
struct person
  {int number;
   int nextp;
  } link[N+1];
int main()
  {int i,count,h;
   for (i=1;i<=N;i++)
     {if (i==N)
         link[i].nextp=1;
      else
         link[i].nextp=i+1;
       link[i].number=i;
     }
   printf("\n");
   count=0;
   h=N;
   printf("退出圈子的人序号:\n");
   while(count<N-1)
     {i=0;
      while(i!=3)
        {h=link[h].nextp;
          if (link[h].number)
          i++;
        }
      printf("%4d",link[h].number);
      link[h].number=0;
      count++;
     }
   printf("\n 最后留在圈子中的人序号  ");
   for (i=1;i<=N;i++)
     if (link[i].number)
        printf("%3d",link[i].number);
   printf("\n");
   return 0;
}
```

运行结果见图 7-2。

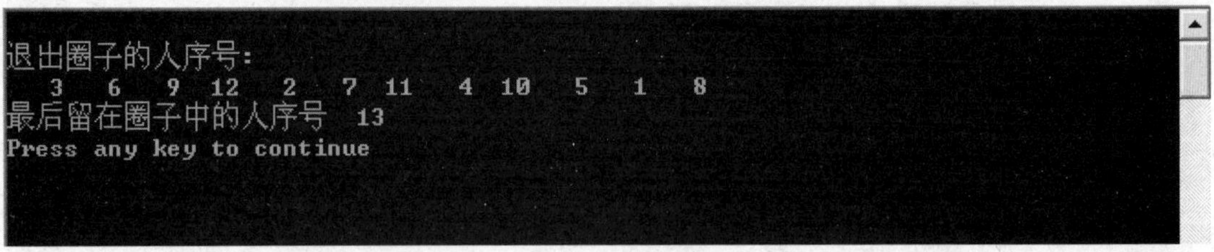

图 7-2 运行结果

三、编辑范例(3)

定义一个结构体变量（包括年、月、日）。计算当日在本年中是第几天？注意闰年问题。
程序如下：

```
#include <stdio.h>
struct
{int year;
int month;
int day;
}date;
main()
{int days;
printf("Input    year,month,day:");
    scanf("%d,%d,%d",&date.year,&date.month,&date.day);
    switch(date.month)
{case 1: days=date.day;          break;
    case 2: days=date.day+31;      break;
    case 3: days=date.day+59;      break;
    case 4: days=date.day+90;      break;
    case 5: days=date.day+120;      break;
case 6: days=date.day+31;      break;
        case 7: days=date.day+181;      break;
        case 8: days=date.day+212;      break;
case 9: days=date.day+243;      break;
case 10: days=date.day+273;      break;
case 11: days=date.day+304;      break;
case 12: days=date.day+334;      break;
    }
if((date.year%4==0&&date.year%100!=0||date.year%400==0)&&date.month>=3)
    days+=1;
printf("\n%d/%d is the %dth day in%d.",date.month,date.day,days,date.year);
    }
```

运行结果：

Input　year,month,day:<u>2013,1,1</u> ∠

1/1 is the 1th day in 2013.

实验思考：

① 总结实验中所出现的问题及解决方法。

② 结构体函数实参的定义、传递方法。

单 元 测 试

1. 以下程序运行后的输出结果是（　　）。

```
# include <stdio.h>
  struct STU
{ char num[10];
float score[3];
};
void main()
{ struct STU s[3]={{"20021",90,95,85},{"20022",95,80,75},{"20023",100,95,90}},*p=s;
  int i;
  float sum=0;
for(i=0;i<3;i++)
sum=sum+p->score[i];
printf("%6.2f\n",sum);
}
```

(A) 260.00　　　　(B) 270.00　　　　(C) 280.00　　　　(D) 285.00

2. 设有如下定义，若要使 p 指向 data 中的 a 域，正确的赋值语句是（　　）。

```
struct sk
{int a;
float b;
}data;
int *p;
```

(A) p=&a;　　　　(B) p=data.a;　　　(C) p=&data .a;　　　(D) *p=data .a;

3. 若有以下说明和定义，则下列叙述中正确的是（　　）。

```
typedef int * INTEGER;
INTEGER p,*q;
```

(A) p 是 int 型变量　　　　　　　　(B) p 是基类型为 int 的指针类型

(C) q 是基类型为 int 的指针类型　　(D) 程序中可用 INTEGER 代替 int 类型名

4. 字符'0'的 ASCII 码的十进制数为 48，且数组的第 0 个元素在低位，则以下程序的输出结果是（　　）。

```
#include "stdio.h"
main( )
{ union { int i[2]; long k; char c[4]; }r,*s=&r;
  s->i[0]=0x39; s->i[1]=0x38;
  printf("%c\n",s->c[0]);
}
```

(A) 39   (B) 9   (C) 38   (D) 8

5. 设有以下语句，则下面叙述中正确的是（   ）。

```
typedf   struct S
{ int g;   char h;}T;
```

(A) 可以用 S 定义结构体变量   (B) 可以用 T 定义结构体变量

(C) S 是 struct 类型变量   (D) T 是 struct S 类型的变量

6. 以下程序运行后的结果是（   ）。

```
# include <stdio.h>
 struct s
 { int x,y;}data[2]={{10,100},{20,200}};
  void main()
 { struct s *p=data;
  printf("%d",++(p->x));
 }
```

(A) 10   (B) 11   (C) 20   (D) 21

7. 设有如下说明，则能正确定义结构体数组并赋初值的语句是（   ）。

```
typedef struct
{ int   n;char   c;   double   x;}STD;
```

(A) STD tt[2]={{1,'A',62},{2,'B',75}};

(B) STD tt[2]={{1,"A",62},2,"B",75};

(C) struct tt[2]={{1,'A'},{2,'B'}};

(D) struct tt[2]={{1,"A",62.5},{2,"B",75,0}};

8. 以下程序运行后的输出结果是（   ）。

```
# include <stdio.h>
void main()
{
union
  { unsigned int n;
    unsigned char c;
  }u1;
   u1.c='A';
   printf("%c",u1.n);
}
```

(A) 产生语法错　　　　(B) 随机数　　　　(C) A　　　　(D) 65

9. 下面程序的输出结果是（　　）。

```
# include <stdio.h>
void main()
{ struct cmplx{int x;int y;}cnum[2]={1,3,2,7};
    printf("%d",cnum[0].y/cnum[1].x);
}
```

(A) 0　　　　　　　　(B) 1　　　　　　　(C) 3　　　　　　(D) 6

10. 以下关于共用体类型的叙述正确的是（　　）。

(A) 可以对共用体类型变量直接赋值

(B) 一个共用体类型变量中可以同时存入所有成员

(C) 一个共用体类型变量中不能同时存入所有成员

(D) 共用体类型定义不能同时出现结构体类型的成员

11. 在 Visual C++6.0 环境中，若 float 型数据占 4 个字节，int 型数据占 4 个字节，char 型数据占 1 个字节，下面程序的运行结果是（　　）。

```
# include <stdio.h>
void main()
{ struct st_type
  { char    name[10];
    float score[3];
  };
 union u_type
 { int i;
   unsigned char ch;
   struct st_type student;
 };
    printf("%d",sizeof(struct st_type));
}
```

(A) 25　　　　　　(B) 12　　　　　　(C) 22　　　　　(D) 24

12. 以下程序运行后的输出结果是（　　）。

```
#include "stdio.h"
struct stu { int num; char name[10]; int age; };
void fun(struct stu *p)
{ printf("%s\n",(*p).name); }
main()
{struct stu students[3]={ {9801,"Zhang",20}, {9802,"Wang",19}, {9803,"Zhao",18} };
fun(students+2); }
```

(A) Zhang　　　　(B) Zhao　　　　(C) Wang　　　　(D) 18

13. 以下选项中，能定义 s 为合法的结构体变量的是（   ）。

(A) typedef struct abc

(B) struct { double a; { double a; char b[10]; char b[10]; } s; } s;

(C) struct ABC

(D) typedef ABC { double a; { double a; char b[10]; char b[10]; } } ABC s; ABC s;

14. 以下程序的输出结果是（   ）。

```
# include <stdio.h>
struct st
  {int x;
   int *y;
  }*p;
  int dt[4]={10,20,30,40};
  struct st aa[4]={50,&dt[0],60,&dt[1],70,&dt[2],80,&dt[3]};
void main()
{ p=aa;
printf("%d",++(p->x));
}
```

(A) 10   (B) 11   (C) 50   (D) 51

15. 当定义一个结构体变量时，系统分配给它的内存是（   ）。

(A) 机构中第一个成员所需内存量   (B) 成员中占内存量者所需的容量

(C) 各成员所需内存总和   (D) 机构中最后一个成员所需内存量

16. 以下程序的输出结果是（   ）。

```
# include <stdio.h>
void main()
{   struct date
    {int y,m,d;
}today;
printf("%d",sizeof(struct date));
}
```

(A) 12   (B) 3   (C) 6   (D) 出错

17. 有如下定义，则能输出字母 M 的语句是（   ）。

struct person{char name[9]; int age;};

struct person class[10]={"Johu", 17, "Paul", 19, "Mary", 18, "Adam", 16,};

(A) prinft("%c\n",class[3].mane);   (B) pfintft("%c\n",class[3].name[1]);

(C) prinft("%c\n",class[2].name[1]);   (D) printf("%c\n",class[2].name[0]);

18. 以下程序运行后的输出结果是（   ）。

```
# include <stdio.h>
union   uu
{   int a;
```

```
struct   { int x;float y;}b;
};
void main (    )
{   union uu m;
    m.a=100;
    m.b.x=200;
    m.b.y=95.8;
    printf("%d",m.a);
}
```

(A) 0　　　　(B) 100　　　　(C) 150　　　　(D) 200

19. 以下程序运行后的输出结果是（　　）。

```
main()
{union {short k; char i[2]; }*s,a;
 s=&a;
 s->i[0]=0x39;s->i[1]=0x38;
 printf("%x\n",s->k);
}
```

(A) 3839　　(B) 3938　　　　(C) 380039　　　　(D) 390038

20. 以下程序运行后的输出结果是（　　）。

```
union myun
{ struct { int x, y, z; } u; int k; } a;
main()
{ a.u.x=4; a.u.y=5; a.u.z=6; a.k=0;
 printf("%d\n",a.u.x);
}
```

(A) 4　　　　(B) 5　　　　(C) 6　　　　(D) 0

21. 以下程序的输出结果是（　　）。

```
struct HAR
{ int x, y; };struct HAR *p,h[2];
main()
{ h[0].x=1;h[0].y=2; h[1].x=3;h[1].y=4; p=h;
printf("%d %d \n",p->x,p->y);
}
```

(A) 32　　(B) 23　　　　(C) 14　　　　(D) 12

22. 以下程序运行后的输出结果是（　　）。

```
main()
{ struct cmplx
{ int x; int y; } cnum[2]={1,3, 2,7};
 printf("%d\n",cnum[0].y /cnum[0].x * cnum[1].x);
```

}

(A) 0   (B) 1   (C) 3   (D) 6

23. 以下程序运行后的输出结果是（　　）。

```
typedef union
{ long x[2]; int y[4]; char z[8]; } MYTYPE;
   MYTYPE them;
main()
{ printf("%d\n", sizeof(them));
}
```

(A) 32   (B) 8   (C) 16   (D) 24

24. 以下程序运行后的输出结果是（　　）。

```
struct st
{ int x; int *y; } *p;
   int dt[4]={10,20,30,40};
 struct st aa[4]={ 50,&dt[0],60,&dt[1], 70,&dt[2],80,&dt[3] };
main()
 { p=aa; printf("%d,", ++p->x );
   printf("%d,", (++p)->x);
   printf("%d\n", ++( *p->y));
 }
```

(A) 10   (B) 51,60,21

(C) 50   (D) 60 20 60 60 70 20 21 21 31

25. C 语言联合类型在任何给定时刻（　　）。

(A) 所有成员一直驻留在结构中   (B) 只能有一个成员驻留在结构中

(C) 部分成员驻留在结构中   (D) 没有成员驻留在结构中

26. 设一整型(int)变量占用 2 个字节，则下述共同体变量 x 所占用内存字节数为（　　）。

```
union exp
{ int i; float j; double k; }x;
```

(A) 14 个   (B) 7 个   (C) 8 个   (D) 随机而定

27. 下列程序运行后的输出结果是（　　）。

```
struct abc
{ int a, b, c; };
main()
{ struct abc s[2]={{1,2,3},{4,5,6}};
 int t;
 t=s[0].a+s[1].b;
 printf("%d \n",t);
}
```

(A) 5   (B) 6   (C) 7   (D) 8

28. 运行下列程序的执行结果是（　　）。

```
# include <stdio.h>
main()
{typedef union
  { long i;int k[5];char c;}DATE;
   struct date { int cat;DATE cow;double dog;}too;
   DATE max;
  printf("%d",sizeof(struct date)+sizeof(max));
}
```

(A) 25　　　　　(B) 18　　　　　(C) 52　　　　　(D) 8

29. 设有以下说明语句，则下面叙述中不正确的是（　　）。

```
struct ex
{ int x ; float y; char z ;} example;
```

(A) struct 结构体类型的关键字　　　　(B) example 是结构体类型名

(C) x,y,z 都是结构体成员名　　　　(D) struct ex 是结构体类型

30. 设有以下说明语句，则下面叙述中正确的是（　　）。

```
typedef struct
{ int n; char ch[8]; }PER;
```

(A) PER 是结构体变量名　　　　(B) PER 是结构体类型名

(C) typedef struct 是结构体类型　　　　(D) struct 是结构体类型名

参考答案：

1. B 2. C 3. B 4. B 5. B 6. B 7. A 8. C 9. B 10. C 11. D 12. B

13. B 14. D 15. C 16. A 17. D 18. D 19. A 20. D 21. D 22. D 23. C

24. B 25. B 26. C 27. B 28. C 29. B 30. B

第8章 文 件

实验 文件操作

【实验目的】

1. 掌握文件指针的定义。
2. 掌握常用文件操作函数的具体应用。

【实验内容】

一、编程范例(1)

从键盘输入一个字符串，将其中的小写字母全部转换为大写字母，然后输出到一个磁盘文件"test"中保存。输入字符串以"！"结束。程序如下：

```
#include <stdio.h>
#include <string.h>
#include <stdlib.h>
int main ()
{FILE *fp;
 char str[100];
 int i=0;
 if ((fp=fopen("a1","w"))==NULL)
    { printf("can not open file\n");
       exit(0);
    }
 printf("input a string:\n");
 gets(str);
 while (str[i]!='!')                   //输入字符串以"！"结束
   {if (str[i]>='a'&& str[i]<='z')
      str[i]=str[i]-32;
    fputc(str[i],fp);
```

```
    i++;
  }
fclose(fp);
fp=fopen("a1","r");
fgets(str,strlen(str)+1,fp);
printf("%s\n",str);
fclose(fp);
return 0;
}
```

运行结果：

输入 <u>abcdefghijk!</u>✓ （注意：连续输入字符串以"!"结束）

　　　<u>ABCDEFGHIJK</u>

二、编程范例(2)

有 3 个学生，每个学生有 3 门课程成绩，从键盘输入学生数据（包括学号、姓名、3 门课程成绩），计算出平均成绩，将原有数据和计算出的平均分数存放在磁盘文件"stud"中。

程序如下：

```
#include <stdio.h>
struct student
{char num[10];
  char name[8];
  int score[3];
  float ave;
  } stu[3];
int main()
{ int i,j,sum;
    FILE *fp;
    for(i=0;i<3;i++)
    {printf("\ninput score of student %d:\n",i+1);
    printf("NO.:");
    scanf("%s",stu[i].num);
    printf("name:");
    scanf("%s",stu[i].name);
    sum=0;
    for (j=0;j<3;j++)
      {printf("score %d:",j+1);
        scanf("%d",&stu[i].score[j]);
        sum+=stu[i].score[j];
```

```
        }
    stu[i].ave=sum/3.0;
    }          //将数据写入文件
    fp=fopen("stud","w");
    for (i=0;i<3;i++)
        if (fwrite(&stu[i],sizeof(struct student),1,fp)!=1)
            printf("file write error\n");
    fclose(fp);
    fp=fopen("stud","r");
    for (i=0;i<3;i++)
      {fread(&stu[i],sizeof(struct student),1,fp);
      printf("\n%s,%s,%d,%d,%d,%6.2f\n",stu[i].num,stu[i].name,stu[i].score[0],stu[i].score[1
      ],stu[i].score[2],stu[i].ave);}
    return 0;
}
```

运行结果见图 8-1。

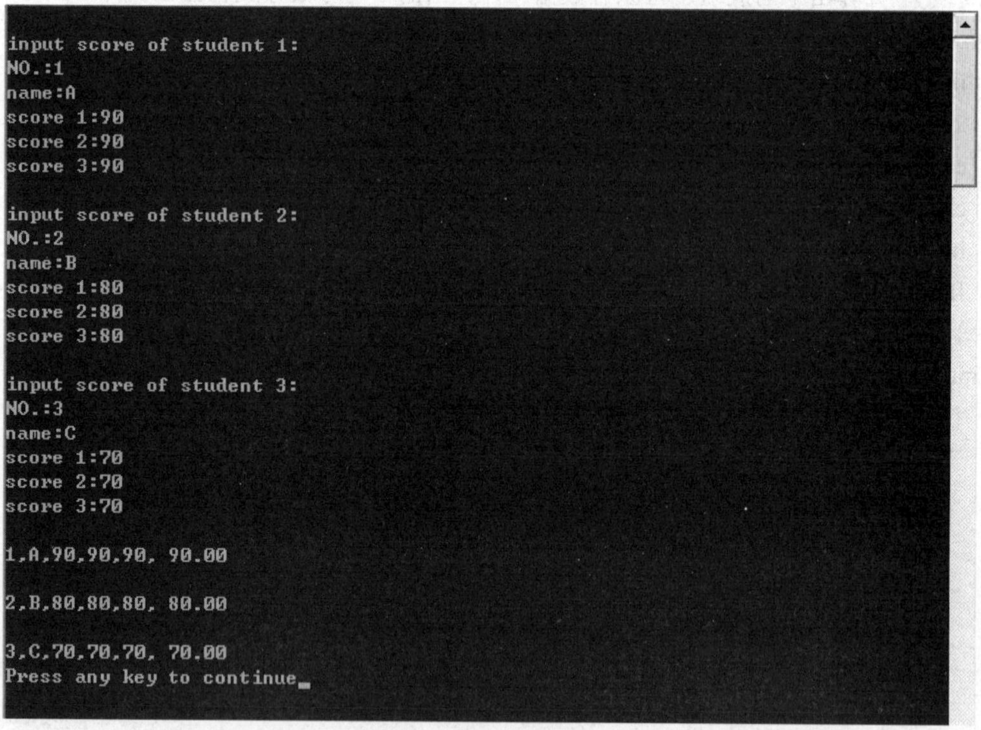

图 8-1 运行结果

三、编程范例(3)

将第 2 题 "stud" 文件中的学生数据, 按平均分进行排序处理, 将已排序的学生数据存入一个新的文件"stu-sort"中。程序如下：

```
#include <stdio.h>
#include <stdlib.h>
#define N 3
struct student
{char num[10];
 char name[8];
 int score[3];
 float ave;
 } st[N],temp;
int main()
 {FILE *fp;
  int i,j,n;                              //读文件
  if ((fp=fopen("stud","r"))==NULL)
    {printf("can not open.\n");
     exit(0);
    }
  printf("File 'stud': ");
  for (i=0;fread(&st[i],sizeof(struct student),1,fp)!=0;i++)
    {printf("\n%8s%8s",st[i].num,st[i].name);
     for (j=0;j<3;j++)
       printf("%8d",st[i].score[j]);
     printf("%10.2f",st[i].ave);
    }
  printf("\n");
  fclose(fp);
  n=i;                                    //排序
  for (i=0;i<n;i++)
     for (j=i+1;j<n;j++)
      if (st[i].ave < st[j].ave)
        {temp=st[i];
         st[i]=st[j];
         st[j]=temp;
        }                                 //输出
  printf("\nNow:");
  fp=fopen("stu_sort","w");
  for (i=0;i<n;i++)
     {fwrite(&st[i],sizeof(struct student),1,fp);
      printf("\n%8s%8s",st[i].num,st[i].name);
```

```
        for (j=0;j<3;j++)
            printf ("%8d",st[i].score[j]);
        printf("%10.2f",st[i].ave);
        }
    printf("\n");
    fclose(fp);
    return 0;
    }
```

运行结果见图 8-2。

```
File 'stud':
        1        A       90       90       90       90.00
        2        B       80       80       80       80.00
        3        C       70       70       70       70.00

Now:
        1        A       90       90       90       90.00
        2        B       80       80       80       80.00
        3        C       70       70       70       70.00
Press any key to continue_
```

图 8-2　运行结果

四、编程范例(4)

将第 3 题已排序的学生成绩文件进行插入处理。插入一个学生的 3 门课程成绩，程序先计算新插入学生的平均成绩，然后将它按成绩高低顺序插入，插入后建立一个新文件。

程序如下：

```
#include <stdio.h>
#include <stdlib.h>
struct student
{char num[10];
 char name[8];
 int score[3];
 float ave;
 }   st[10],s;
int main()
{FILE *fp,*fp1;
 int i,j,t,n;
 printf("\nNO.:");
 scanf("%s",s.num);
 printf("name:");
```

```
scanf("%s",s.name);
printf("score1,score2,score3:");
scanf("%d,%d,%d",&s.score[0],&s.score[1],&s.score[2]);
s.ave=(s.score[0]+s.score[1]+s.score[2])/3.0;          //从文件读数据
if((fp=fopen("stu_sort","r"))==NULL)
    {printf("can not open file.");
     exit(0);
    }
printf("original data:\n");
    for (i=0;fread(&st[i],sizeof(struct student),1,fp)!=0;i++)
        {printf("\n%8s%8s",st[i].num,st[i].name);
            for (j=0;j<3;j++)
                printf("%8d",st[i].score[j]);
         printf("%10.2f",st[i].ave);
        }
n=i;
for (t=0;st[t].ave>s.ave && t<n;t++);                   //向文件写数据
printf("\nNow:\n");
fp1=fopen("sort1.dat","w");
for (i=0;i<t;i++)
    {fwrite(&st[i],sizeof(struct student),1,fp1);
     printf("\n %8s%8s",st[i].num,st[i].name);
     for (j=0;j<3;j++)
        printf("%8d",st[i].score[j]);
     printf("%10.2f",st[i].ave);
    }
fwrite(&s,sizeof(struct student),1,fp1);
printf("\n %8s %7s %7d %7d %7d%10.2f",s.num,s.name,s.score[0],
        s.score[1],s.score[2],s.ave);
for (i=t;i<n;i++)
    {fwrite(&st[i],sizeof(struct student),1,fp1);
     printf("\n %8s%8s",st[i].num,st[i].name);
     for(j=0;j<3;j++)
        printf("%8d",st[i].score[j]);
     printf("%10.2f",st[i].ave);
    }
printf("\n");
fclose(fp);
fclose(fp1);
return 0;
}
```

运行结果见图 8-3。

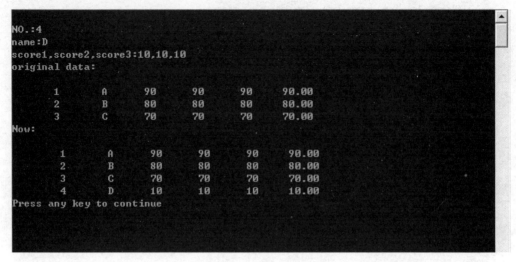

图 8-3　运行结果

实验思考：

① 缓冲文件系统和非缓冲文件系统的区别？

② 文件打开和关闭的含义？为什么要打开和关闭文件？

③ 建立一个磁盘文件"emploee"，内存放职工的数据。每个职工的数据包括：职工姓名、职工号、性别、年龄、住址、工资、文化程度。要求将职工号、职工名、工资的信息单独抽出来另建一个职工工资文件。要求：

- 调试程序，输入数据并运行程序。
- 用 type 命令显示新建立的文件内容。

单 元 测 试

1. 以下叙述错误的是（　　）。

(A) 二进制文件打开后可以先读文件的末尾，而顺序文件不可以

(B) 在程序结束时，应当用 fclose 函数关闭已打开的文件

(C) 在利用 fread 函数从二进制文件中读数据时，可以用数组中所有元素读入数

(D) 不可以用 FILE 定义指向二进制文件的文件指针

2. 若 fp 已正确定义并指向某个文件，当未遇到该文件结束标志时，函数 feof(fp)的值为（　　）。

(A) 0 　　(B) 1 　　(C) -1 　　(D) 一个非 0 值

3. 下列关于 C 语言数据文件的叙述中正确的是（　　）。

(A) 文件由 ASCII 码字符序列组成，C 语言只能读写文本文件

(B) 文件由二进制数据序列组成，C 语言只能读写二进制文件

第 8 章 文 件

(C) 文件由记录序列组成，可按数据的存放形式分为二进制文件和文本文件

(D) 文件由数据流形式组成，可按数据的存放形式分为二进制文件和文本文件

4. C 语言对数据文件进行读写操作的函数在（   ）头文件中有说明。

(A) malloc.h   (B) stdio.h   (C) stdlib.h   (D) string.h

5. 在 C 语言中，fclose()函数返回（   ）时，表示关闭不成功。

(A) 0   (B) -1   (C) EOF   (D) 非零值

6. 对 C 语言的文件存取方式中，文件（   ）。

(A) 只能顺序存取   (B) 只能随机存取

(C) 可以顺序存取，也可以随机存取   (D) 只能从文件的开头存取

7. 在对文件进行操作时，写文件的含义是（   ）。

(A) 将内存中的信息存入磁盘   (B) 将磁盘中的信息输入到内存

(C) 将 CPU 中的信息存入磁盘   (D) 将磁盘中的信息输入到 CPU

8. C 语言中可以处理的文件类型有（   ）。

(A) 文本文件和二进制文件   (B) 文本文件和数据文件

(C) 数据文件和二进制文件   (D) 以上答案都不对

9. 以下叙述中正确的是（   ）。

(A) 在 C 程序中生成的文件结束标志是 EOF

(B) C 程序中一个 fclose 函数只能关闭一个文件

(C) C 程序中的文件由记录组成

(D) C 程序中的一个文件可以同时按 "r" 方式和 "w" 方式打开

10. 调用 fopen 函数打开一个文件失败时，函数的返回值是（   ）。

(A) -1   (B) EOF   (C) NULL   (D) 1

11. 调用 fopen 函数时，不需要的信息是（   ）。

(A) 需要打开的文件名称   (B) 指定的文件指针

(C) 文件的使用方式   (D) 文件的大小

12. 以下叙述中错误的是（   ）。

(A) 顺序文件不可以先读文件的末尾

(B) 在程序结束时，应当用 fclose 函数关闭已打开的文件

(C) 在 C 语言程序中必须先打开文件，才能对文件进行读写操作

(D) 在程序结束时，关闭文件是可有可无的操作

13. 函数 fputs(s,fp)的功能是（   ）。

(A) 将 s 所指字符串写到 fp 所指文件中（含 "\0"）

(B) 将 s 所指字符串写到 fp 所指文件中（不含 "\0"）

(C) 将 s 所指字符串写到 fp 所指文件中（自动加 "\n"）

(D) 将 s 所指字符串写到 fp 所指文件中（不含 "\0"），同时在文件尾加一个空格

14. 函数调用 fseek(fp,50L,0)的作用是（   ）。

(A) 将文件位置指针移到离文件开头 50 个字节处

(B) 将文件位置指针从当前位置向后移到 50 个字节处

(C) 将文件位置指针从文件末尾向后退 50 个字节处

(D) 将文件位置指针从当前位置向后退 50 个字节处

15. 函数 ftell(fp)的作用是（   ）。

(A) 移动文件的位置指针到指定位置

(B) 得到当前文件指针的位置

(C) 使文件的位置指针回到文件的开头

(D) 以上答案都不对

16. 以下程序运行后的输出结果是（   ）。

```
# include <stdio.h>
void main()
{ FILE * fp;
int i=20,j=30,k,n;
fp=fopen("d1.dat","w");
fprintf(fp,"%d\n",i);
fprintf(fp,"%d\n",j);
fclose(fp);
fp=fopen("d1.dat","r");
fp=fscanf(fp,"%d%d",&k,&n);
printf("%d%d\n",k,n);
fclose(fp);
}
```

(A) 20 30   (B) 20 50   (C) 30 50   (D) 30 20

17. 以下程序运行后的输出结果是（   ）。

```
# include <stdio.h>
void main()
{ FILE * fp;
int i,a=1,b=1;
fp=fopen("d1.dat","w");
for(i=0;i<3;i++)
fprintf(fp,"%d",i);
fclose(fp);
fp=fopen("d1.dat","r");
fscanf(fp,"%d%d",&a,&b);
printf("%d    %d\n",a,b);
fclose(fp);
}
```

(A) 1 2   (B) 12 1   (C) 0 12   (D) 1 1

18. 若 fp 为指针，且文件已正确打开，i 为 long 型变量，以下程序的输出结果是（   ）。

```
fseek(fp,0,SEEK_END);
i=ftell(fp);
```

```
printf("i=%ld\n",i);
```

(A) -1　　　　　(B) 2　　　　　(C) 0　　　　　(D) fp 所指文件的长度，以字节为单位

19. 以下程序的功能是（　　）。

```
# include<stdio.h>
void main(    )
{ FILE *point1,*point2;
point1=fopen("file1.asc","r");
point2=fopen("file2.asc","w");
while(!feof(point1))fputc(fgetc(point1),point2);
fclose(point1);
fclose(point2);
}
```

(A) 检查两个文件的内容是否完全相同

(B) 判断两个文件是否一个为空、一个不为空

(C) 将文件 file2.asc 的内容复制到文件 file1.asc 中

(D) 将文件 file1.asc 的内容复制到文件 file2.asc 中

20. 在 C 程序中，可把整型数以二进制形式存放到文件中的函数是（　　）。

(A) fprintf 函数　　　　　　　　　　(B) fread 函数

(C) fwrite 函数　　　　　　　　　　(D) fputc 函数

21. C 语言中文件的存取方式是（　　）。

(A) 顺序存取　　　　　　　　　　　(B) 随机存取

(C) 顺序存取、随机存取均可　　　　(D) 顺序存取、随机存取均不可

22. 以数据块为单位对数据进行整体读写时，如果 ptr 是指向内存中数据块的首地址，fp 是文件指针，那么数据块中每个数据项的大小为（　　）。

(A) sizeof(*ptr)　　　　　　　　　　(B) *ptr

(C) sizeof(ptr)　　　　　　　　　　(D) sizeof(*fp)

23. rewind 函数的作用是（　　）。

(A) 重新打开文件　　　　　　　　　(B) 使文件位置指针重新回到文件末

(C) 使文件位置指针重新回到文件的开始　(D) 返回文件长度值

参考答案：

1. D　2. A　3. D　4. B　5. D　6. C　7. A　8. A　9. B　10. C　11. D　12. D
13. B　14. A　15. B　16. A　17. B　18. D　19. D　20. A　21. C　22. A　23. C

第9章 预处理指令与位运算

实验 预处理指令与位运算的应用

【实验目的】

1. 掌握常用的 3 种预处理指令的功能，分别为宏定义、文件包含和条件编译。
2. 掌握常用位运算的具体应用。

【实验内容】

一、练习宏#define 命令

程序如下：

```
#define LAG >
#define SMA <
#define EQ ==
#include "stdio.h"
void main()
{ int i=10;
 int j=20;
 if(i LAG j)
    printf("%d larger than %d \n",i,j);
 else if(i EQ j)
    printf("%d equal to %d\ n",i,j);
 else if(i SMA j)
    printf("%d smaller than %d \n",i,j);
 else
    printf("No such value.\n");
}
```

二、练习"按位与"运算

程序如下：

```
#include "stdio.h"
```

```
main()
{ int a,b;
  a=6;
  b=a&3;
  printf("The a & b is %d\ n",b);
  b&=7;
  printf("The a & b is %d\ n",b);
}
```

实验思考：

0&0=0; 0&1=0; 1&0=0; 1&1=1

三、练习"按位或"运算

程序如下：

```
#include "stdio.h"
main()
{ int a,b;
  a=6;
  b=a|3;
printf("The a & b   is %d \n",b);
b|=7;
printf("The a & b is %d\n",b);
}
```

实验思考：

0|0=0; 0|1=1; 1|0=1; 1|1=1

四、练习"异或"运算

程序如下：

```
#include "stdio.h"
main()
{ int a,b;
  a=6;
  b=a^3;
 printf("The a & b is %d\ n",b);
  b^=7;
 printf("The a & b   is %d \n",b);
}
```

实验思考：

0^0=0; 0^1=1; 1^0=1; 1^1=0

单 元 测 试

1. 以下叙述中不正确的是（   ）。

(A) 预处理命令行都必须以#号开始

(B) 在程序中凡是以#号开始的语句行都是预处理命令行

(C) C 程序在执行过程中对预处理命令行进行处理

(D) 以下是正确的宏定义：#define IBM_PC

2. 若要说明一个类型名 STP，使得定义语句 STP s 等价于 char *s，以下选项中正确的是（   ）。

(A) typedef STP char *s;   (B) typedef *char STP;

(C) typedef stp *char;   (D) typedef char* STP;

3. 以下叙述中正确的是（   ）。

(A) 在程序的一行上可以出现多个有效的预处理命令行

(B) 使用带参数的宏时，参数的类型应与宏定义时的一致

(C) 宏替换不占用运行时间，只占用编译时间

(D) 在以下定义中，C R 是称为"宏名"的标识符：#define C R 045

4. 以下程序的输出结果是（   ）。

```
#define SQR(X) X*X
main()
{ int a=16, k=2, m=1;
a/=SQR(k+m)/SQR(k+m);
printf("%d\n",a);
}
```

(A) 16   (B) 2   (C) 9   (D) 1

5. 以下叙述正确的是（   ）。

(A) 可以把 define 和 if 定义为用户标识符

(B) 可以把 define 定义为用户标识符，但不能把 if 定义为用户标识符

(C) 可以把 if 定义为用户标识符，但不能把 define 定义为用户标识符

(D) define 和 if 都不能定义为用户标识符

6. 以下程序的输出结果是（   ）。

```
#define M(x,y,z) x*y+z
main()
{ int a=1,b=2, c=3;
printf("%d\n", M(a+b,b+c, c+a));
}
```

(A) 19   (B) 17   (C) 15   (D) 12

7. 以下各选项企图说明一种新的类型名，其中正确的是（   ）。

(A) typedef v1 int;   (B) typedef v2=int;

(C) typedefv1 int v3;　　　　　(D) typedef v4: int;

8. 程序中头文件 typel.h 的内容是：

define N 5

define M1 N*3

以下程序运行后的输出结果是（　　）。

include <stdio.h>

define M2 N*2

void main ( )

{ int i;

i=M1+M2;

printf("%d",i);

}

　(A) 10　　　　(B) 20　　　　(C) 25　　　　(D) 30

9. 以下程序运行后的输出结果是（　　）。

include <stdio.h>

define F(X,Y) (X)*(Y)

void main( )

{ int a=3,b=4;

printf("%d",F(a++,b++));

}

　(A) 12　　　　(B) 15　　　　(C) 16　　　　(D) 20

10. 以下程序运行后的输出结果（　　）。

include <stdio.h>

define M 3

define N M+1

define NN N*N/2

　void main( )

{ printf("%d",NN);}

(A)3　　　　(B)4　　　　(C)6　　　　(D)8

11. 以下程序运行后的输出结果（　　）。

include <stdio.h>

define EVEN(A) a%2==0?1:0

void main( )

{

　if(EVEN(9+1))printf("is even\n");

else printf("is odd\n");

}

(A) is even　　(B) 10 is odd　　(C) 10 is even　　(D) is odd

12. 以下程序运行后的输出结果（　　）。

```
# include <stdio.h>
# define MA(x) x*(x-1)
void main( )
{ int a=1,b=2;
printf("%d",MA(1+a+b));
}
```

(A) 6   (B) 8   (C) 10   (D) 12

13. 对下面程序段正确的判断是（   ）。

```
#define A 3
#define B(A) ((A+1)*a)
...
x=3*(A+B(7));
```

(A) 程序错误,不许嵌套宏定义

(B) 程序错误,宏定义不许有参数

(C) x=21

(D) x=93

14. 若有如下定义，则 "printf("%d",X(2)*Y(3));" 的输出结果是（   ）。

```
# define X(n) n+1
# define Y(m) m+2
```

(A) 6   (B) 7   (C) 8   (D) 15

15. 以下说法正确的是（   ）。

(A) # define 和 printf 都是 C 语句

(B) # define 是 C 语句,而 printf 不是 C 语句

(C) # define 不是 C 语句,printf 是 C 语句

(D) # define 和 printf 都不是 C 语句

16. 设 a=3，b=2，则表达式 a^b>>2 的值的二进制表示为（   ）。

(A) 00000011   (B) 00000110

(C) 00000100   (D) 00000010

17. 以下程序若要使指针变量指向一个 double 类型的动态存储单元，应选择的选项是（   ）。

```
double *p;
p=_____malloc(sizeof(double));
```

(A) double   (B) double *

(C) (* double)   (D) (double *)

18. 设有 "int x=1, y=1;"，表达式 "(!x||y--)" 的值是（   ）。

(A) 0   (B) 1   (C) 2   (D) -1

19. 以下描述不正确的是（   ）。

(A) C 语言的预处理功能是指完成宏替换和包含文件的调用

(B) 预处理指令只能位于 C 源程序文件的首部

(C) 凡是 C 源程序中行首以"#"标识的控制行都是预处理指令

(D) C 语言的编译预处理就是对源程序进行初步的语法检查

20. 在"文件包含"预处理语句的使用形式中，当#include 后面的文件名用< >(尖括号)括起时，找寻被包含文件的方式是（　　）。

(A) 仅仅搜索当前目录

(B) 仅仅搜索源程序所在目录

(C) 直接按系统设定的标准方式搜索目录

(D) 先在源程序所在目录搜索，再按照系统设定的标准方式搜索

21. 以下运算符中优先级最高的是（　　）。

(A) &&　　　　　(B) &　　　(C) ||　　　(D) |

22. sizeof(float)是（　　）。

(A) 一种函数调用　　　　　(B) 一个不合法的表示形式

(C) 一个整型表达式　　　　(D) 一个浮点表达式

23. 以下叙述中不正确的是（　　）。

(A) 表达式 a&=b 等价于 a=a&b

(B) 表达式 a|=b 等价于 a=a|b

(C) 表达式 a!=b 等价于 a=a!b

(D) 表达式 a^=b 等价于 a=a^b

24. 若 x=2,y=3，则 x&y 的结果是（　　）。

(A) 0　　　　(B) 2　　　　(C) 3　　　　(D) 5

25. 在位运算中，操作数每左移一位，则结果相当于（　　）。

(A) 操作数乘以 2　　　　(B) 操作数除以 2

(C) 操作数除以 4　　　　(D) 操作数乘以 4

26. 以下程序运行后的输出结果是（　　）。

```
#include <stdio.h>
void main (    )
{   unsigned char a,b,c;
a=0x3;
b=a|0x8;
c=b<<1;
printf("%d,%d\n",b,c);
}
```

(A) -11, 12　　　(B) -6, -13　　　(C) 12, 24　　　(D) 11, 22

27. 以下程序运行后的输出结果是（　　）。

```
#include <stdio.h>
void main()
{ unsigned char a,b;
  a=4|3;
  b=4&3;
```

```
    printf("%d%d",a,b);
    }
```

(A) 70　　　　(B) 07　　　　(C) 11　　　　(D) 43

28. 在位运算中，操作数每右移一位，则结果相当于（　　）。

　　(A) 操作数乘以 2　　　　　　(B) 操作数乘以 4

　　(C) 操作数除以 2　　　　　　(D) 操作数除以 4

29. 执行下列语句后，变量 z 中的二进制值是（　　）。

　　char x=3,y=6,z;

　　z=x^y<<2;

　　(A) 00010100　　(B) 00011011　　(C) 00011100　　(D) 00011000

30. 语句 printf("%d\n",12&012);的输出结果是（　　）。

　　(A) 12　　　　(B) 8　　　　(C) 6　　　　(D) 012

31. 设 int b=2; 表达式(b<<2)/(b>>1)的值是（　　）。

　　(A) 0　　　　(B) 2　　　　(C) 4　　　　(D) 8

32. 以下程序的输出结果是（　　）。

```
#include <stdio.h>
void main (    )
{ int p,y=0,x=0;
  p=x<<8&~y>>8;
  printf("%d",p);
  p+=(p+=2);
  printf("%d\n",p);
}
```

(A) -1 0　　(B) 00　　(C) 04　　(D) -1 2

33. 已知 char a=15，则~a、-a 和!a 的整型值分别为（　　）。

　　(A) 240，-15，0　　　　　　(B) -16，-15，0

　　(C) 0，-15，240　　　　　　(D) 0，15，0

34. 已知整型变量 a=13 和 b=6，则 a&b 的值和 a^b 的值是（　　）。

　　(A) 4 13　　(B) 4 11　　(C) 1 11　　(D) 4 13

35. 运行下面程序后的输出结果是（　　）。

```
#define n 3
#define Y(n) ( (n+1)*n)
main()
{ int z;
  z=2*(n+Y(5+1));
  printf("%d\n",z);
}
```

(A) 出错　　(B) 42　　(C) 78　　(D) 54

36. 在宏定义 #define PI 3.14159 中，用宏名 PI 代替一个（　　）。

(A) 单精度数　　　　　　　(B) 双精度数

(C) 常量　　　　　　　　　(D) 字符串

37. 以下程序运行后的输出结果是（　　）。

```
#include "stdio.h"
#define pt 5.5
#define s(y) pt*x*x
main()
{ int a=1,b=2;
  printf ("%4.lf\n",s(a+b));
}
```

(A) 49.5　　　　(B) 9.5　　　　(C) 22.0　　　　(D) 45.0

38. 以下程序运行后的输出结果是（　　）。

```
#define M(x,y,z)   x*y+z
main()
{ int a=1,b=2, c=3;
  printf("%d\n", M(a+b,b+c, c+a));
}
```

(A) 19　　　　(B) 17　　　　(C) 15　　　　(D) 12

39. 下面程序运行后的输出结果是（　　）。

```
main()
{ char x=040;
  printf("%d\n",x=x<<1);
}
```

(A) 100　　　　(B) 160　　　　(C) 120　　　　(D) 64

40. 以下程序运行后的输出结果是（　　）。

```
#define f(x) x*x
main( )
{ int a=6，b=2，c; c=f(A) / f(B) ;
  printf("%d \n"，c);
}
```

(A) 9　　　　(B) 6　　　　(C) 36　　　　(D) 18

参考答案：

1. C　2. D　3. C　4. B　5. B　6. D　7. C　8. C　9. A　10. C　11. D　12. B
13. D　14. B　15. D　16. A　17. B　18. B　19. D　20. C　21. B　22. C　23. C
24. B　25. A　26. D　27. A　28. C　29. B　30. B　31. D　32. C　33. B　34. B
35. C　36. D　37. B　38. D　39. D　40. C

第二部分 综合实训

综合实训内容包括基础实训和项目实训，是为培养读者的 C 程序设计应用能力和开发能力而编写的，实用性强，同时给出了解题思路、程序分析等。

第10章 基础实训

实训一

【实训内容和要求】

一个有趣的问题：将一个字符串中除下标为偶数、同时 ASCII 码值为奇数的字符外，其余的字符都删除。例如，若字符串中的内容为 ABCDEFGl2345，其中字符 B 的 ASCII 码值为偶数，所在元素的下标为奇数，因此必须删除；而字符 A 的 ASCII 码值为奇数，所在数组中的下标为偶数，因此不应当删除。依此类推，最后数组中的内容应是 ACEG。

【程序设计】

```c
#include <stdio.h>
  proc(char str[],char t[])
{ int i,j=0;
for(i=0;str[i]!='\0';i++)            //从数组的第一个元素开始，到其最后一个
{if(i%2==0&&str[i]%2!=0)             //下标为偶数、同时 ASCII 码值为奇数的字符
  t[j++]=str[i];
```

```
    }                              //如果成立，则把它放到 t 数组中
    t[j]='\0';                     //字符串结束标志为'\0'
    }
    void main()
    { int i;
    char str[100],t[100];
    printf("\nPlease enter string str：");
    gets(str);                     //输入字符串
    proc(str,t);
    printf("\nThe result is:\n");
    for(i=0;t[i]!='\0';i++)
    printf("%c ",t[i]);
    printf("\n");
    }
```

运行结果见图 10-1。

图 10-1　运行结果

【程序分析】

按照题目中的要求，将字符串 str 中下标为偶数、同时 ASCII 码值为奇数的字符放在数组 t 中。首先，需要检查字符串 str 中下标为偶数的字符其 ASCII 码值是否为奇数，将符合要求的字符放在数组 t 中；最后，为新的字符串数组添加结束符。

① 编写函数 proc（），其功能是：检查字符串 str 中下标为偶数的字符其 ASCII 码值是否为奇数。

② 字符串中剩余字符所形成的一个新字符串放在 t 所指的数组中。最后为新的字符串数组添加结束符。

实训二

【实训内容和要求】

用折半查找法查找数据：任意输入 7 个数，按由小到大顺序存放在一个数组中，再输入一个数，要求用折半查找法找出该数是否在数组中，若在数组中，是第几个元素的值。

【程序设计】

```
#include <stdio.h>
# define N 7                          //定义字符常量 表示数组长度
main()
{ int i,number,top,bott,mid,loca,a[N],flag=1,sign=1;
  char c;
    printf("Please input data:\n");        //数组数据的输入
    scanf("%d",&a[0]);
  i=1;
  while(i<N)
  { scanf("%d",&a[i]);
    if(a[i]>=a[i-1])                    //按照从小到大的输入，数据之间按回车键间隔
      i++;
    else
      {printf("按照从小到大输入\n");
       i=1;
scanf("%d",&a[0]);}
      }
for(i=0;i<N;i++)
    printf("%d   ",a[i]);              //数组输出显示
printf("\n");
flag=1;                                //如果是有序数组就将 flag=1
while(flag)
{ sign=1;
    printf("输入要查找的数据:");
    scanf("%d",&number);              //输入要查找的数据
    loca=0;                            //查找成功与否的开关变量
  top=0;                              //查找区间的开始元素下标
  bott=N-1;                           //查找区间的结束元素下标
```

```
if((number<a[0])||(number>a[N-1]))      //要查找的数据超出范围
    loca= -1;                           //没有找到
while((sign==1)&&(top<=bott))
{ mid=(bott+top)/2;                     //折半（取中间位置的数据）
    if(number==a[mid])
      {loca=mid;
       printf("找到  %d ,its position is %d\n",number,loca+1);
       sign=0;                          //找到
       }
    else if (number<a[mid])
         bott=mid-1;                    //查找区间变化
       else
         top=mid+1;
  }
  if(sign==1||loca== -1)                //没有找到
    printf("%d    没找到.\n",number);
  printf("continue or not (Y/N)?");
  scanf("%*c%c",&c);                    //注意字符输入%*c 作用
  if((c=='N')||(c=='n'))
      flag=0;
  else    flag=1;
}
}
```

运行结果见图 10-2。

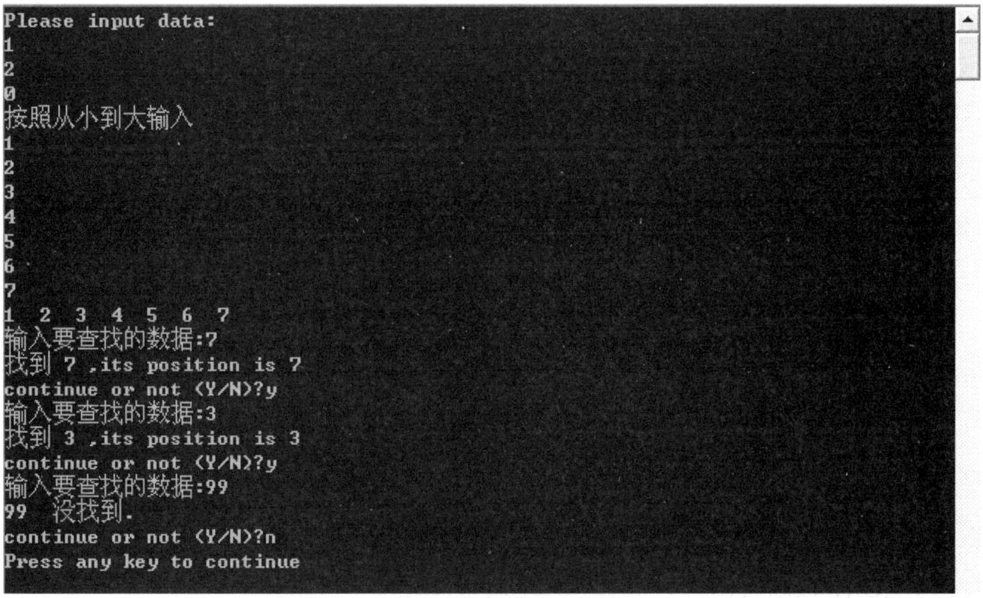

图 10-2　运行结果

【程序分析】

输入要查找的数，注意区间范围的变化，然后按下述步骤完成：

① 按照从小到大输入，数据之间按回车键间隔。如果不按照这个规律，提示重新输入。

② 用折半查找法，判断要查找的数据是否存在。

③ 对找到的数据输出该数组中第几个元素的值。

实 训 三

【实训内容和要求】

数组应用:对已经排好序的成绩数组进行以下操作,把一个新的成绩输入到数组的合适位置。

【程序设计】

```c
#include <stdio.h>
int main()
{ int a[11]= {40,51,59,64,66,77,80,85,90,100}
  int temp1,temp2,number,end,i,j;
  printf("array a:\n");
  for (i=0;i<10;i++)
    printf("%5d",a[i]);
  printf("\n");
  printf("insert data:");
  scanf("%d",&number);              //输入一个新的成绩
  end=a[9];
  if (number>end)
    a[10]=number;
  else
   for (i=0;i<10;i++)
    {if (a[i]>number)
      {temp1=a[i];
       a[i]=number;
       for (j=i+1;j<11;j++)         //数据依次右移
```

```
        {temp2=a[j];
          a[j]=temp1;
          temp1=temp2;
         }
      break;
      }
     }
  printf("Now array a:\n");
  for (i=0;i<11;i++)
     printf("%5d",a[i]);
  printf("\n");
  return 0;
  }
```

运行结果见图 10-3。

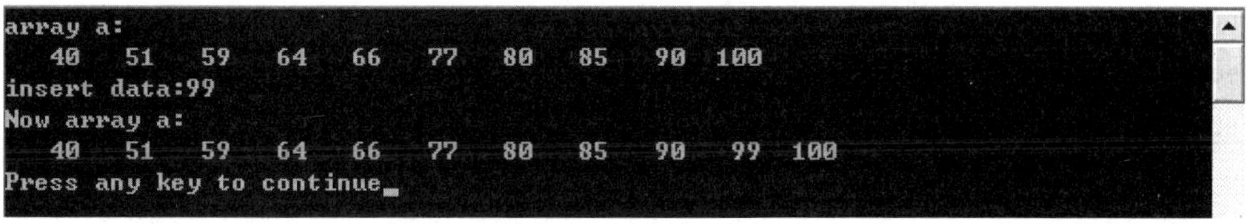

```
array a:
    40   51   59   64   66   77   80   85   90  100
insert data:99
Now array a:
    40   51   59   64   66   77   80   85   90   99  100
Press any key to continue_
```

图 10-3　运行结果

【程序分析】

首先从键盘接收一个数据存入变量 number；根据 number 的大小进行定位，数据依次右移；最后输出处理完成的新数组。

实训四

【实训内容和要求】

编写一个函数，从传入的 M 个字符中找出最长的一个字符串，并通过形参指针 max 传回该字符串地址(用****作为结束输入的标志)。

【程序设计】

```
#include <stdio.h>
#include <string.h>
char*proe(char(*a)[81],int m)
{ char *max;
int i=0;
max=a[0];
for(i=0;i<m;i++)
if(strlen(max)<strlen(a[i]))        //找出最长的字符串
max=a[i];
return max;                         //返回最长字符串的地址
}
void main()
{ char ss[10][81],*max;
int n,i=0;
printf("输入若干个字符串：");
gets(ss[i]);
puts(ss[i]);
while(strcmp(ss[i],"****")!=0)
{ i++;
gets(ss[i]);
puts(ss[i]);
  }
n=i;
max=proe(ss,n);
  printf("\nmax=%s\n",max);
}
```

运行结果见图 10-4。

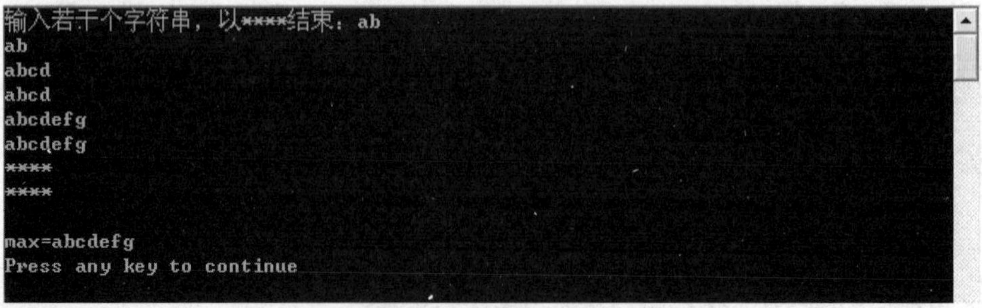

图 10-4　运行结果

【程序分析】

本题首先要定义一个字符指针用于保存最长的字符串,并使其初始值指向第一个字符串;再循环遍历字符串数组,通过 if 语句比较字符串的长度,并把最长的字符串地址赋给字符指针;最后返回最长字符串的地址。

① 传入的 M 个字符,用****作为结束输入的标志。

② 找出最长的一个字符串。

③ 通过形参指针 max 传回。

实 训 五

【实训内容和要求】

应用指针实现:有 n 个整数,使其前面各数顺序向后移 m 个位置,最后 m 个数变成最前面的 m 个数。

【程序设计】

```
#include"stdio.h"
main()
{int number[20],n,m,i;
 int move(number,n,m);
 printf("the total numbers is:");
 scanf("%d",&n);                          //输入个数,有 n 个整数。
 printf("back m:");
 scanf("%d",&m);                          //使其前面各数顺序向后移 m 个位置
 for(i=0;i<n-1;i++)
   scanf("%d,",&number[i]);               //输入 n 个整数,每个数之间用空格键间隔。
 scanf("%d",&number[n-1]);
 move(number,n,m);
 for(i=0;i<n-1;i++)
   printf("%d,",number[i]);
 printf("%d",number[n-1]);}
move(array,n,m)
int n,m,array[20];
{int *p,array_end;
 array_end=*(array+n-1);
 for(p=array+n-1;p>array;p--)
```

```
*p=*(p-1);
*array=array_end;
m--;
if(m>0) move(array,n,m);
}
```

【程序分析】

注意理解指针的概念、指针的引用和应用。用函数完成以上功能，在主函数中输入 n 个整数。例如 n 为 5，输入 1,2,3,4,5 个数，m 位 2，即后移 2 位变成 4,5,1,2,3。

实训六

【实训内容和要求】

应用指针实现：有 n 个人围成一圈，顺序排号。从第一个人开始报数（从 1 到 3 报数），凡是报到 3 的人退出圈子，问最后留下的是原来第几号的那位。

【程序设计】

```
#include"stdio.h"
#define nmax 20
main()
{ int i,k,m,n,num[nmax],*p;
 printf("please input the total of numbers:");
 scanf("%d",&n);        //输入人数
 p=num;
 for(i=0;i<n;i++)
   *(p+i)=i+1;
   i=0;
   k=0;
   m=0;
   while(m<n-1)
    { if(*(p+i)!=0) k++;
       if(k==3)
```

```
    { *(p+i)=0;        //该位置清零
        k=0;
        m++;
      }
    i++;
    if(i==n) i=0;
    }
  while(*p==0) p++;
  printf("%d is leftn",*p);
}
```

【程序分析】

注意理解指针的概念、指针的引用和应用。假设有 13 个人，从 1 到 3 报数，凡是报到 3 的人标记为 0，语句：*(p+i)=0；第 1 轮将把 3 位置清零，然后继续报数。

实 训 七

【实训内容和要求】

结构体类型应用：有 3 个学生，每个学生的数据包括学号、姓名、3 门课程的成绩，从键盘输入 3 个学生的数据，要求打印出 3 门课程的总平均成绩以及最高分的学生的数据（包括学号、姓名、3 门课程成绩总和。）

【程序设计】

```
#include <stdio.h>
#define N 3
struct student
{char num[6];
 char name[8];
 int score[4];
 double avr;
 }stu[N];
```

```
main()
{int i,j,max,maxi,sum;
 double average;
 for(i=0;i<N;i++)
   {printf("\nInput scores of student %d:\n",i+1);
    printf("NO.:");
    scanf("%s",stu[i].num);
    printf("Name:");
    scanf("%s",stu[i].name);
    for(j=0;j<3;j++)
      {printf("score %d:",j+1);
       scanf("%d", &stu[i].score[j]);
      }
    }
average=0;
max=0;
maxi=0;
for(i=0;i<3;i++)
   {sum=0;
    for(j=0;j<3;j++)
       sum+=stu[i].score[j];
    stu[i].avr=sum/3.0;
    average+=stu[i].avr;
    if(sum>max)
       {max=sum;
        maxi=i;
       }
   }
average/=N;
printf("   NO.    name score1   score2   score3   average\n");
for(i=0;i<N;i++)
   {printf("%5s%10s",stu[i].num, stu[i].name);
    for(j=0;j<3;j++)
       printf("%9d",stu[i].score[j]);
    printf("%8.2f\n",stu[i].avr);
   }
```

```
  printf("average=%6.2f\n",average);
  printf("The highest score is:%s,score total:%d.\n",stu[maxi].name,max);
}
```

运行结果见图 10-5。

```
Input scores of student 1:
NO.:1
Name:张三
score 1:90
score 2:80
score 3:70

Input scores of student 2:
NO.:2
Name:李四
score 1:10
score 2:20
score 3:30

Input scores of student 3:
NO.:3
Name:王五
score 1:60
score 2:50
score 3:70
    NO.     name   score1   score2   score3   average
     1      张三       90       80       70    80.00
     2      李四       10       20       30    20.00
     3      王五       60       50       70    60.00
average= 53.33
The highest score is:张三,score total:240.
Press any key to continue
```

图 10-5　运行结果

【程序分析】

注意结构体类型的定义、结构体数组的定义、引用及变量应用。

实训八

【实训内容和要求】

在实训七的基础上继续编程：M 名学生的记录由学号和成绩组成，已在主函数中放入结构体数组 stu 中，请按分数的高低排列学生的记录，高分在前。

【程序设计】

```c
#include <stdio.h>
#define M 16
typedef struct abc
{char num[10];
  int s;
}STREC;
void proc(STREC a[])
{int i,j;
STREC t;
for(i=0;i<M-1;i++)                    //用起泡法来按从高到低排序

for(j=0;j<M-1-i;j++)
if(a[j].s<a[j+1].s)                   //按分数的高低排列学生的记录，高分在前
{t=a[j];a[j]=a[j+1];a[j+1]=t;}
}
void main()
{STREC stu[M]={{"GA005",85},{"GA003",76},
{"GA002",69},{"GA004",85},{"GA001",91},
{"GA007",72},{"GA008",64},{"GA006",87},
{"GA015",85},{"GA013",91},{"GA012",64},
{"GA014",91},{"GA011",66},{"GA017",64},
{"GA016",72},{"GA000",64}};
int i;
proc(stu);
printf("The data after sorted：\n");
for(i=0;i<M;i++)
{
if(i%4==0)                            //每行输出4个学生记录
printf("\n");
printf("%s%4d      ",stu[i].num,stu[i].s);
}
printf("\n");
}
```

运行结果见图 10-6。

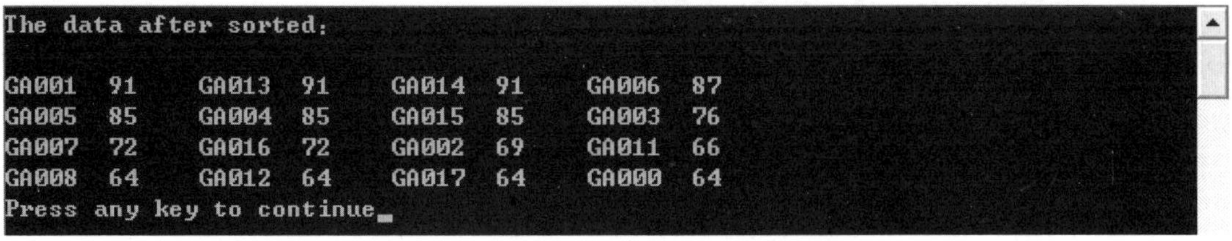

```
The data after sorted:

GA001  91     GA013  91     GA014  91     GA006  87
GA005  85     GA004  85     GA015  85     GA003  76
GA007  72     GA016  72     GA002  69     GA011  66
GA008  64     GA012  64     GA017  64     GA000  64
Press any key to continue_
```

图 10-6　运行结果

【程序分析】

要按分数的高低排列学生的记录，可以使用起泡排序法。将每一个学生的成绩与其他学生的成绩相比较，对不符合要求的记录交换位置。

① M 名学生的数据放在主函数中的结构体数组 stu 中。

② 编写函数 proc（　　），其功能是：按分数的高低排列学生的记录，高分在前。

③ 起泡排序法的基本思想是：对于一个待排序的序列（假设按升序排序），从左向右依次比较相邻的两个数，如果左边的数大，则交换两个数以使右边的数大。这样比较、交换到最后，数列的最后一个数则是最大的，然后再对剩余的序列进行相同的操作。这个操作过程被称为一次起泡。一次起泡的操作只能使数列的最右端的数成为最大者。对于 M 个数而言，需要 M−1 次这样的起泡过程。

第 11 章 项目实训

实训一 学生成绩管理程序设计

【实训内容和要求】

应用 C 语言程序设计开发学生成绩管理小型应用程序。设：一个班级有 n 名学生，n 门课程。要求：① 求第 1 门课程的平均分；② 找出有两门以上课程不及格的学生，输出他们的学号和全部课程成绩及平均成绩；③ 找出平均成绩在 90 分以上或全部课程成绩在 85 分以及以上的学生。分别编 3 个函数实现以上 3 个要求。

【问题分析】

函数的形参用数组，调用函数时的实参用指针变量。形参也可以不用数组而用指针变量。请读者整理、收集本班每位学生的数据，包括学号、姓名、本学期 N 门课程成绩。还可以添加其他功能，比如成绩排序、查询学生记录等。请读者集思广益，讨论、分析。

【程序设计】

```c
#include <stdio.h>
int main()
{void avsco(float *,float *);
 void avcour1(char (*)[10],float *);
 void fali2(char course[5][10],int num[],float *pscore,float aver[4]);
 void good(char course[5][10],int num[4],float *pscore,float aver[4]);
 int i,j,*pnum,num[4];
 float score[4][5],aver[4],*pscore,*paver;
 char course[5][10],(*pcourse)[10];
 printf("输入课程名:\n");
 pcourse=course;
 for (i=0;i<5;i++)
    scanf("%s",course[i]);
```

```c
    printf("输入学号和各科成绩:\n");
    printf("NO.");
    for (i=0;i<5;i++)
        printf(",%s",course[i]);
    printf("\n");
    pscore=&score[0][0];
    pnum=&num[0];
    for (i=0;i<4;i++)
    {scanf("%d",pnum+i);
      for (j=0;j<5;j++)
        scanf("%f",pscore+5*i+j);
    }
    paver=&aver[0];
    printf("\n\n");
    avsco(pscore,paver);                //求出每个学生的平均成绩
    avcour1(pcourse,pscore);            //求出第一门课的平均成绩
    printf("\n\n");
    fali2(pcourse,pnum,pscore,paver);   //找出 2 门课不及格的学生
    printf("\n\n");
    good(pcourse,pnum,pscore,paver);    //找出成绩好的学生
    return 0;
}
void avsco(float *pscore,float *paver)  //求每个学生的平均成绩的函数
  {int i,j;
    float sum,average;
    for (i=0;i<4;i++)
      {sum=0.0;
        for (j=0;j<5;j++)
          sum=sum+(*(pscore+5*i+j));    //累计每个学生的各科成绩
        average=sum/5;                  //计算平均成绩
        *(paver+i)=average;
      }
}
void avcour1(char (*pcourse)[10],float *pscore)  //求第一课程的平均成绩的函数
  {int i;
    float sum,average1;
    sum=0.0;
    for (i=0;i<4;i++)
      sum=sum+(*(pscore+5*i));          //累计每个学生的得分
```

```
    average1=sum/4;                                    //计算平均成绩
    printf("course 1:%s average score:%7.2f\n",*pcourse,average1);
}
void fali2(char course[5][10],int num[],float *pscore,float aver[4])
                                      //找两门以上课程不及格的学生的函数
  {int i,j,k,labe1;
   printf("          ==========Student who is fail in two courses========   \n");
   printf("NO. ");
   for (i=0;i<5;i++)
     printf("%11s",course[i]);
   printf("      average\n");
   for (i=0;i<4;i++)
   {labe1=0;
    for (j=0;j<5;j++)
      if (*(pscore+5*i+j)<60.0) labe1++;
    if (labe1>=2)
      {printf("%d",num[i]);
       for (k=0;k<5;k++)
         printf("%11.2f",*(pscore+5*i+k));
       printf("%11.2f\n",aver[i]);
      }
   }
}
void good(char course[5][10],int num[4],float *pscore,float aver[4])
              //找成绩优秀学生(各门85分以及以上或平均90分以上)的函数
  {int i,j,k,n;
   printf("            ======Students whose score is good======\n");
   printf("NO. ");
   for (i=0;i<5;i++)
     printf("%11s",course[i]);
   printf("      average\n");
   for (i=0;i<4;i++)
    {n=0;
     for (j=0;j<5;j++)
       if (*(pscore+5*i+j)>=85.0) n++;
     if ((n==5)||(aver[i]>=90))
       {printf("%d",num[i]);
        for (k=0;k<5;k++)
          printf("%11.2f",*(pscore+5*i+k));
```

```
        printf("%11.2f\n",aver[i]);
    }
  }
}
```

运行结果见图 11-1。

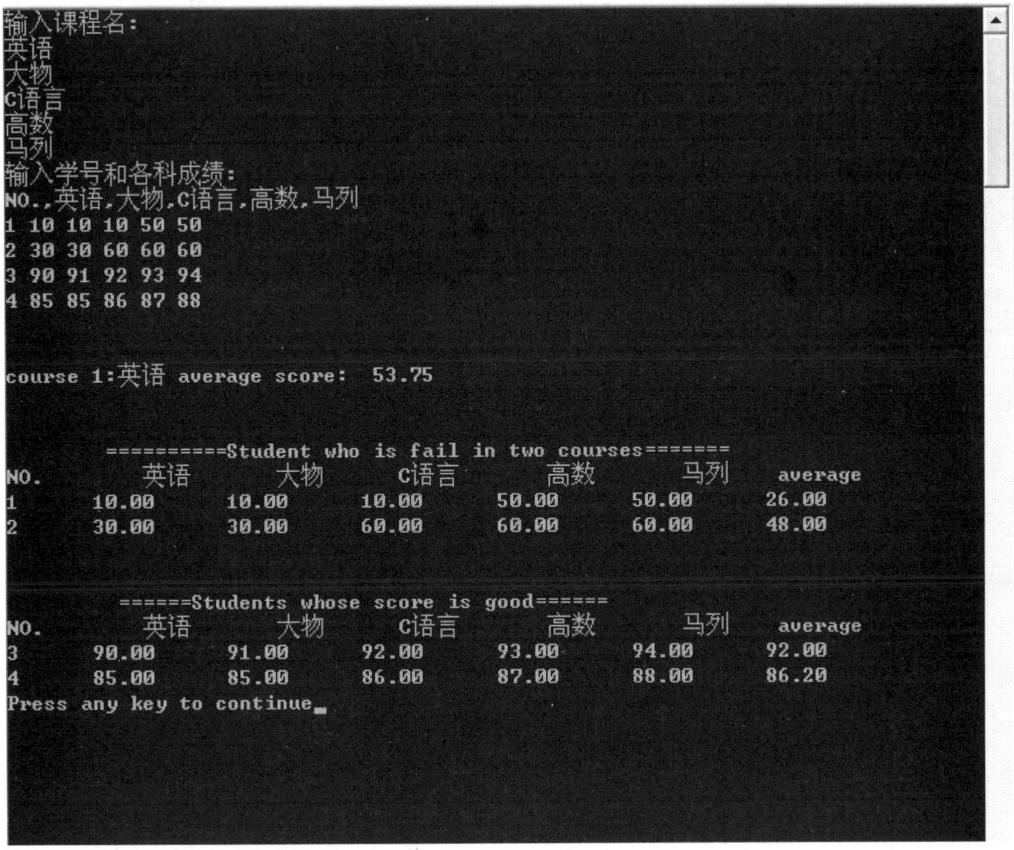

图 11-1 运行结果

实训二 职工信息管理程序设计

【实训内容和要求】

应用 C 语言程序设计开发职工信息管理小型应用程序。要求利用菜单的形式进行管理。

① 输入所有职工的姓名和编号。

② 按职工号由小到大的顺序排序，姓名顺序也随之调整。

③ 要求输入一个职工号，用折半查找法找出该员工的姓名，从主函数输入要查找的职工号，输出该职工的姓名。

【问题分析】

以我校为例,有职工 N 人,每位职工信息包括:职工号、姓名、性别、年龄、基本工资、奖金、津贴、扣款、实发工资等。为方便程序设计和调试,利用 input 函数录入 10 个人的职工号和姓名;Sort 函数的作用是选择法排序;Search 函数的作用是用折半查找方法找出指定的职工号的姓名。职工其他信息由读者自行设计。

【程序设计】

```
#include <stdio.h>
#include <string.h>
#define N 10
int main()
    {void input(int [],char name[][8]);
     void sort(int [],char name[][8]);
     void search(int ,int [],char name[][8]);
     int num[N],number,flag=1,c;
     char name[N][8];
     input(num,name);
     sort(num,name);
     while (flag==1)
        {printf("\n 输入职工号查看姓名:");
         scanf("%d",&number);
         search(number,num,name);
         printf("continue ot not(Y/N)?");
         getchar();
         c=getchar();
         if (c=='N'||c=='n')
            flag=0;
        }
     return 0;
    }
void input(int num[],char name[N][8])
 {int i;
   for (i=0;i<N;i++)
    {printf("输入职工号: ");
     scanf("%d",&num[i]);
     printf("输入姓名: ");
```

```
        getchar();
        gets(name[i]);
      }
   }
 void sort(int num[],char name[N][8])
  { int i,j,min,templ;
     char temp2[8];
     for (i=0;i<N-1;i++)
      {min=i;
       for (j=i;j<N;j++)
         if (num[min]>num[j])    min=j;
       templ=num[i];
       strcpy(temp2,name[i]);
       num[i]=num[min];
       strcpy (name[i],name[min]);
       num[min]=templ;
       strcpy(name[min],temp2);
       }
     printf("\n result:职工号    姓名\n");
     for (i=0;i<N;i++)
         printf("\n %10d%10s",num[i],name[i]);
   }
 void search(int n,int num[],char name[N][8])
   {int top,bott,mid,loca,sign;
    top=0;
    bott=N-1;
    loca=0;
    sign=1;
    if ((n<num[0])||(n>num[N-1]))
      loca=-1;
    while((sign==1) && (top<=bott))
      {mid=(bott+top)/2;
       if (n==num[mid])
         {loca=mid;
          printf("NO. %d , his name is %s.\n",n,name[loca]);
          sign=-1;
         }
```

```
        else if (n<num[mid])
            bott=mid-1;
        else
            top=mid+1;
    }
    if (sign==1 || loca==-1)
        printf("%d not been found.\n",n);
}
```

运行结果见图 11-2。

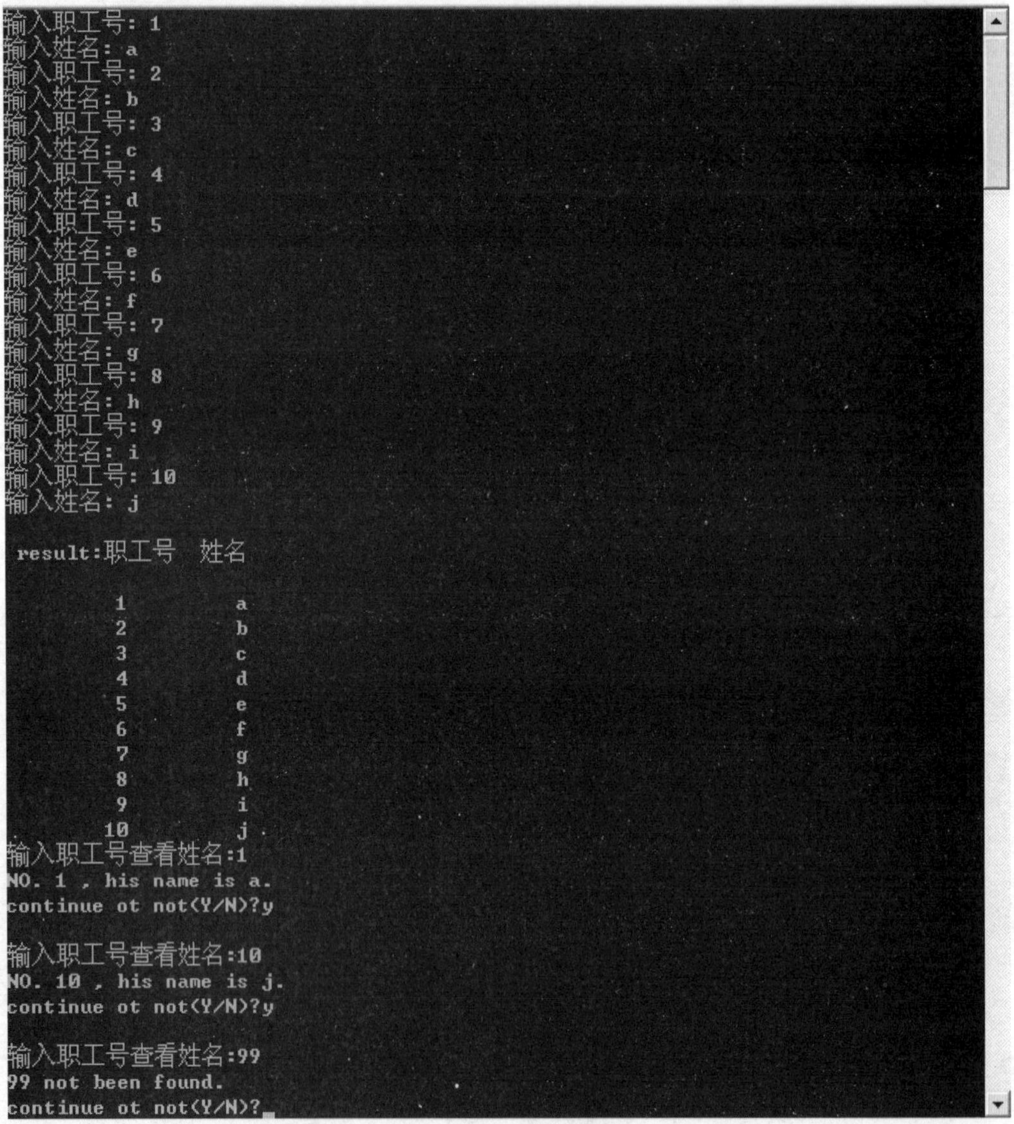

图 11-2　运行结果

实训三 会议预约管理程序设计

【实训内容和要求】

应用 C 语言程序设计开发会议预约管理小型应用程序。要求利用菜单的形式进行管理。

① 记录来预约人的信息，包括编号、姓名、人数、赴约时间。

② 通过编号查看当前已预约人的信息，包括姓名、人数、赴约时间。

③ 修改已预约人的信息。

④ 删除预约人的信息。

【问题分析】

请读者进行实地调研、采访、交流。分析、整理有关预约人的信息，包括姓名、预约人数、时间等。为方便程序设计和调试，预约人设为 20 人。

【程序设计】

```c
#include"stdio.h"
#include"string.h"
#include"stdlib.h"
#define MaxSize 20
struct guest_info
{char name[8];
    int sum;
    char time[10];
    int number;
}
GuestList[MaxSize];
void Insert(int * );
void Search(int );
void Update(int );
void Delete(int * );
void Show(int);
int main()
```

```
{    int i;
     int count=0;
while(1)
{    do
    {printf("请输入 1~6 数码：\n");
        printf("1、插入(Insert)\n");
        printf("2、查询(Search)\n");
        printf("3、修改(Update)\n");
        printf("4、删除(Delete)\n");
        printf("5、显示(Show)\n");
        printf("6、退出(Exit)\n\n");
        scanf("%d",&i);
        switch(i)                    //请输入 1~6 数码
        {case 1:Insert(&count);
            break;
        case 2:Search(count);
            break;
        case 3:Update(count);
            break;
        case 4:Delete(&count);
            break;
        case 5:Show(count);
            break;
        case 6: system("cls");break;
        default:printf("错误选择!请重选");
        break;
        }
    }
    while(i!=6);
}}
void Insert(int * count)
{int i,in_number;
    if( * count==MaxSize)
    {printf("空间已满!");
        return ;}
    printf("插入-请输入编号:");
```

```
        scanf("%d",&in_number);
        for(i=0;i< * count;i++)
            if(GuestList[i].number==in_number)
            {printf("已经有相同的编号:");
                    return ;}
            GuestList[i].number=in_number;
            printf("请输入姓名:");
            scanf("%s",GuestList[i].name);
            printf("请输入人数:");
            scanf("%d",&GuestList[i].sum);
            printf("请输入赴约时间:");
            scanf("%s",GuestList[i].time);
            ( * count)++;printf("\n");
}
void Search(int count)
{int i,number,flag=1;
        printf("查询-请输入要查询的编号:");
        scanf("%d",&number);
        for(i=0;i<count;i++)
            if(GuestList[i].number==number)
            {printf("姓名:%s",GuestList[i].name);
                printf("人数:%d",GuestList[i].sum);
                printf("赴约时间:%s",GuestList[i].time);
                flag=0;printf("\n\n");
            }
            if(flag)    printf("没有查询到!!!\n\n");
}
void Update(int count)
    {int i,number,flag=1;
            printf("修改-请输入要修改数据的编号:");
            scanf("%d",&number);
            for(i=0;i<count;i++)
                if(GuestList[i].number==number)
                {printf("请输入人数:");
                    scanf("%d",&GuestList[i].sum);
                    printf("请输入赴约时间:");
```

```
                    scanf("%s",GuestList[i].time);
                    flag=0;printf("\n\n");
              }
          if(flag)
                    printf("没有查询到可以修改的数据!!!\n\n");
          }
void Delete(int * count)
    {int i,j,number,flag=1;
        printf("删除-请输入要删除数据的编号:");
        scanf("%d",&number);
        for(i=0;i< * count && flag;i++)
        if(GuestList[i].number==number)
            {for(j=i;j< * count-1;j++)
                    GuestList[j]=GuestList[j+1];
                flag=0;
                ( * count)--;printf("\n\n");
            }
        if(flag)
                printf("没有查询到可以删除的数据!!!\n\n");


        }
void Show (int count)
    {int i;
        printf("\n");
        printf("显示-编号 姓名 人数 赴约时间\n");
        for(i=0;i<count;i++)
        {printf("%10d",GuestList[i].number);
            printf("%12s",GuestList[i].name);
            printf("%10d",GuestList[i].sum);
            printf("%12s",GuestList[i].time);
printf("\n\n");
        }
    }
```

运行结果见图11-3。

图 11-3　运行结果

实训四　电话订餐管理程序设计

【实训内容和要求】

应用 C 语言程序设计开发电话订餐管理小型应用程序。专为餐饮行业打造的电话订餐管理程序功能包括记录客户来电的业务内容，比如客户的姓名、联系电话、套餐编码等，用菜单形式管理看起来更直观；可以查找客户记录、用餐人数、时间等信息。

① 添加记录，包括订餐客户的姓名、订餐时间、人数、套餐编码、联系电话等信息。

② 查看当前已订餐人员的信息。

③ 修改已订餐人员的信息。

④ 删除已订餐人员的信息。

【问题分析】

请读者参考前面介绍的程序设计方法，集思广益，讨论、分析。为方便读者程序设计和调试，下面给出了部分程序代码，仅供参考。读者可以在此基础上，根据实际调研情况进一步完善程序设计。

【程序设计】

```c
#include"stdio.h"
#include"string.h"
#include"stdlib.h"
#define MaxSize 100
struct guest_info
{char name[8];
    int sum;
    char telephone[15];
    int number;
    char code[5];
    char time[10];
}
GuestList[MaxSize];
void Insert(int * );
void Search(int );
void Update(int );
void Delete(int * );
void Show(int);
int main()
{
    int i;
    int count=0;
    while(1)
    { printf("团购套餐编码、价格如下：\n");
        printf("T1：豪华双人套餐，99元。\n");
        printf("T2：豪华双人套餐，139元。\n");
```

```
        printf("T3：四人套餐，399元。\n");
        printf("T4：四人套餐，599元。\n");
        printf("Tn：N人套餐，n元。\n\n");

    do{
        printf("客户管理菜单：请输入1~6数码：\n");
        printf("1、添加记录(Insert)\n");
        printf("2、查询记录(Search)\n");
        printf("3、修改记录(Update)\n");
        printf("4、删除记录(Delete)\n");
        printf("5、显示记录(Show)\n");
        printf("6、退出(Exit)\n\n");
        scanf("%d",&i);
        switch(i)                //请输入1~6数码
        {case 1:Insert(&count);
            break;
        case 2:Search(count);
            break;
        case 3:Update(count);
            break;
        case 4:Delete(&count);
            break;
        case 5:Show(count);
            break;
        case 6:system("cls");break;
        default:printf("错误选择!请重选");
        break;
        }
    }while(i!=6);

}}
void Insert(int * count)
{int i,in_number;
    if( * count==MaxSize)
    {printf("空间已满!");
        return ;}
    printf("插入-请输入客户编号:");
    scanf("%d",&in_number);
    for(i=0;i< * count;i++)
```

```
            if(GuestList[i].number==in_number)
            {printf("已经有相同的编号:");
                return ;}
            GuestList[i].number=in_number;
            printf("请输入联系人姓名:");
            scanf("%s",GuestList[i].name);
            printf("请输入用餐人数:");
            scanf("%d",&GuestList[i].sum);
            printf("请输入用餐时间:");
            scanf("%s",GuestList[i].time);
            printf("请输入团购套餐编码:");
            scanf("%s",GuestList[i].code);
            printf("请输入联系电话:");
            scanf("%s",GuestList[i].telephone);
            ( * count)++;printf("\n");
}
void Search(int count)
{int i,number,flag=1;
        printf("查询-请输入要查询的编号:");
        scanf("%d",&number);
        for(i=0;i<count;i++)
            if(GuestList[i].number==number)
            {printf("姓名:%s",GuestList[i].name);
                printf("人数:%d",GuestList[i].sum);
                printf("用餐时间:%s",GuestList[i].time);
                printf("团购套餐编码:%s",GuestList[i].code);
                printf("联系电话:%s",GuestList[i].telephone);
                flag=0;printf("\n\n");
            }
            if(flag)    printf("没有查询到!!!\n\n");
}
void Update(int count)
    {int i,number,flag=1;
                printf("修改-请输入要修改数据的编号:");
                scanf("%d",&number);
                for(i=0;i<count;i++)
                    if(GuestList[i].number==number)
                    {printf("请输入用餐人数:");
                        scanf("%d",&GuestList[i].sum);
```

```
                    printf("请输入用餐时间:");
                    scanf("%s",GuestList[i].time);
                    printf("请输入团购套餐编码:");
                    scanf("%s",&GuestList[i].code);
                    flag=0;printf("\n\n");
                 }
            if(flag)
                    printf("没有查询到可以修改的数据!!!\n\n");
        }
void Delete(int * count)
    {int i,j,number,flag=1;
        printf("删除-请输入要删除数据的编号:");
        scanf("%d",&number);
        for(i=0;i< * count && flag;i++)
        if(GuestList[i].number==number)
            {for(j=i;j< * count-1;j++)
                    GuestList[j]=GuestList[j+1];
                flag=0;
                ( * count)--;printf("\n\n");
            }
        if(flag)
                printf("没有查询到可以删除的数据!!!\n\n");
        }
void Show (int count)
    {int i;
        printf("\n");
        printf("显示-   编号    姓名    人数    用餐时间    套餐编码\n");
        for(i=0;i<count;i++)
        {printf("%10d",GuestList[i].number);
            printf("%8s",GuestList[i].name);
            printf("%6d",GuestList[i].sum);
            printf("%12s",GuestList[i].time);
            printf("%11s",GuestList[i].code);
printf("\n\n");
        }
    }
```

运行结果见图 11-4。

```
团购套餐编码、价格如下：
T1：豪华双人套餐，99元。
T2：豪华双人套餐，139元。
T3：四人套餐，399元。
T4：四人套餐，599元。
Tn：N人套餐，n元。

客户管理菜单：请输入1~6数码：
1、插入(Insert)
2、查询(Search)
3、修改(Update)
4、删除(Delete)
5、显示(Show)
6、退出(Exit)

1
插入-请输入客户编号:1
请输入联系人姓名:aa
请输入用餐人数:2
请输入用餐时间:17:30
请输入团购套餐编码:T1
请输入联系电话:0000000

客户管理菜单：请输入1~6数码：
1、插入(Insert)
2、查询(Search)
3、修改(Update)
4、删除(Delete)
5、显示(Show)
6、退出(Exit)

2
查询-请输入要查询的编号:1
姓名:aa  人数:2  用餐时间:17:30  团购套餐编码:T1  联系电话:0000000
```

图 11-4　运行结果

第三部分　等级考试

为了更好地激发读者的学习兴趣，锻炼和培养读者的实践能力和创新能力，本部分内容为读者提供了全国计算机等级考试（二级）的考试大纲、模拟题、参考答案及解析等。

第 12 章　全国计算机二级 C 语言等级考试

全国计算机等级考试二级 C 语言程序设计考试大纲

【基本要求】

1. 熟悉 Visual C++ 6.0 集成开发环境。
2. 掌握结构化程序设计的方法，具有良好的程序设计风格。
3. 掌握程序设计中简单的数据结构和算法并能阅读简单的程序。
4. 在 Visual C++ 6.0 集成环境下，能够编写简单的 C 程序，并具有基本的纠错和调试程序的能力。

【考试内容】

一、C 语言程序的结构

1. 程序的构成，main 函数和其他函数。
2. 头文件，数据说明，函数的开始和结束标志以及程序中的注释。
3. 源程序的书写格式。
4. C 语言的风格。

二、数据类型及其运算

1. C 的数据类型（基本类型，构造类型，指针类型，无值类型）及其定义方法。
2. C 运算符的种类、运算优先级和结合性。
3. 不同类型数据间的转换与运算。
4. C 表达式类型（赋值表达式，算术表达式，关系表达式，逻辑表达式，条件表达式，逗号表达式）和求值规则。

三、基本语句

1. 表达式语句，空语句，复合语句。
2. 输入输出函数的调用，正确输入数据并正确设计输出格式。

四、选择结构程序设计

1. 用 if 语句实现选择结构。
2. 用 switch 语句实现多分支选择结构。
3. 选择结构的嵌套。

五、循环结构程序设计

1. for 循环结构。
2. while 和 do-while 循环结构。
3. continue 语句和 break 语句。
4. 循环的嵌套。

六、数组的定义和引用

1. 一维数组和二维数组的定义、初始化和数组元素的引用。
2. 字符串与字符数组。

七、函　数

1. 库函数的正确调用。
2. 函数的定义方法。
3. 函数的类型和返回值。
4. 形式参数与实在参数，参数值的传递。
5. 函数的正确调用，嵌套调用，递归调用。
6. 局部变量和全局变量。
7. 变量的存储类别（自动，静态，寄存器，外部），变量的作用域和生存期。

八、编译预处理

1. 宏定义和调用（不带参数的宏，带参数的宏）。
2. "文件包含"处理。

九、指　针

1. 地址与指针变量的概念，地址运算符与间址运算符。
2. 一维、二维数组和字符串的地址以及指向变量、数组、字符串、函数、结构体的指针变量的定义。通过指针引用以上各类型数据。
3. 用指针作函数参数。
4. 返回地址值的函数。
5. 指针数组,指向指针的指针。

十、结构体(即"结构")与共同体(即"联合")

1. 用 typedef 说明一个新类型。
2. 结构体和共用体类型数据的定义和成员的引用。
3. 通过结构体构成链表,单向链表的建立,结点数据的输出、删除与插入。

十一、位运算

1. 位运算符的含义和使用。
2. 简单的位运算。

十二、文件操作

只要求缓冲文件系统（即高级磁盘 I/O 系统），对非标准缓冲文件系统（即低级磁盘 I/O 系统）不要求。
1. 文件类型指针（FILE 类型指针）。
2. 文件的打开与关闭（fopen, fclose）。
3. 文件的读写（fputc, fgetc, fputs, fgets, fread, fwrite, fprintf, fscanf 函数的应用），文件的定位（rewind, fseek 函数的应用）。

【考试方式】

上机考试，考试时长 120 分钟，满分 100 分。
1. 题型及分值：单项选择题 40 分（含公共基础知识部分 10 分）、操作题 60 分（包括填空题、改错题及编程题）。
2. 考试环境：Visual C++6.0。

全国计算机等级考试二级公共基础知识考试大纲

【基本要求】

1. 掌握算法的基本概念。
2. 掌握基本数据结构及其操作。
3. 掌握基本排序和查找算法。
4. 掌握逐步求精的结构化程序设计方法。
5. 掌握软件工程的基本方法,具有初步应用相关技术进行软件开发的能力。
6. 掌握数据库的基本知识,了解关系数据库的设计。

【考试内容】

一、基本数据结构与算法

1. 算法的基本概念；算法复杂度的概念和意义（时间复杂度与空间复杂度）。
2. 数据结构的定义；数据的逻辑结构与存储结构；数据结构的图形表示；线性结构与非线性结构的概念。
3. 线性表的定义；线性表的顺序存储结构及其插入与删除运算。
4. 栈和队列的定义；栈和队列的顺序存储结构及其基本运算。
5. 线性单链表、双向链表与循环链表的结构及其基本运算。
6. 树的基本概念；二叉树的定义及其存储结构；二叉树的前序、中序和后序遍历。
7. 顺序查找与二分法查找算法；基本排序算法（交换类排序,选择类排序,插入类排序）。

二、程序设计基础

1. 程序设计方法与风格。
2. 结构化程序设计。
3. 面向对象的程序设计方法，对象，方法，属性及继承与多态性。

三、软件工程基础

1. 软件工程基本概念，软件生命周期概念，软件工具与软件开发环境。
2. 结构化分析方法，数据流图，数据字典，软件需求规格说明书。
3. 结构化设计方法，总体设计与详细设计。
4. 软件测试的方法，白盒测试与黑盒测试，测试用例设计，软件测试的实施，单元测试、集成测试和系统测试。
5. 程序的调试，静态调试与动态调试。

四、数据库设计基础

1. 数据库的基本概念：数据库，数据库管理系统，数据库系统。
2. 数据模型，实体联系模型及 E-R 图，从 E-R 图导出关系数据模型。
3. 关系代数运算，包括集合运算及选择、投影、连接运算，数据库规范化理论。
4. 数据库设计方法和步骤：需求分析、概念设计、逻辑设计和物理设计的相关策略。

【考试方式】

1. 公共基础知识不单独考试，与其他二级科目组合在一起，作为二级科目考核内容的一部分。
2. 考试方式为上机考试，10 道选择题，占 10 分。

第一套模拟题

一、选择题（每小题 1 分，共 40 小题，共 40 分）

1. 下列链表中，其逻辑结构属于非线性结构的是（　　）。
   A. 双向链表　　　　B. 带链的栈　　　　C. 二叉链表　　　　D. 循环链表

2. 设循环队列的存储空间为 Q（1：35），初始状态为 front=rear=35。现经过一系列入队与退队运算后，front=15，rear=15，则循环队列中的元素个数为（　　）。
   A. 20　　　　　　　B. 0 或 35　　　　　C. 15　　　　　　　D. 16

3. 下列关于栈的叙述中，正确的是（　　）。
   A. 栈底元素一定是最后入栈的元素　　　　B. 栈操作遵循先进后出的原则
   C. 栈顶元素一定是最先入栈的元素　　　　D. 以上三种说法都不对

4. 在关系数据库中，用来表示实体间联系的是（　　）。
   A. 网状结构　　　B. 树状结构　　　C. 属性　　　　D. 二维表

5. 公司中有多个部门和多名职员，每个职员只能属于一个部门，一个部门可以有多名职员，则实体部门和职员间的联系是（　　）。
   A. 1:m 联系　　　B. m:n 联系　　　C. 1:1 联系　　　　D. m:1 联系

6. 有两个关系 R 和 S 如下所示，则由关系 R 得到关系 S 的操作是（　　）。

R

A	B	C
a	1	2
b	2	1
c	3	1

S

A	B	C
c	3	1

A. 自然连接　　　　B. 并　　　　C. 选择　　　　　　D. 投影

7. 数据字典（DD）所定义的对象都包含于（　　）。

A. 软件结构图　　B. 方框图　　C. 数据流图（DFD 图）　　D. 程序流程图

8. 软件需求规格说明书的作用不包括（　　）。

A. 软件设计的依据　　　　　　B. 软件可行性研究的依据

C. 软件验收的依据　　　　　　D. 用户与开发人员对软件要做什么的共同理解

9. 下面属于黑盒测试方法的是（　　）。

A. 边界值分析　　　　B. 路径覆盖　　　　C. 语句覆盖　　　　D. 逻辑覆盖

10. 下面不属于软件设计阶段任务的是（　　）。

A. 制订软件确认测试计划　　B. 数据库设计　　C. 软件总体设计　　D. 算法设计

11. 以下叙述中正确的是（　　）。

A. 在 C 语言程序中，main 函数必须放在其他函数的最前面

B. 每个后缀为 C 的 C 语言源程序都可以单独进行编译

C. 在 C 语言程序中，只有 main 函数才可单独进行编译

D. 每个后缀为.C 的 C 语言源程序都应该包含一个 main 函数

12. C 语言中的标识符分为关键字、预定义标识符和用户标识符，以下叙述正确的是（　　）。

A. 预定义标识符(如库函数中的函数名)可用做用户标识符，但失去原有含义

B. 用户标识符可以由字母和数字任意顺序组成

C. 在标识符中大写字母和小写字母被认为是相同的字符

D. 关键字可用做用户标识符，但失去原有含义

13. 以下选项中表示一个合法的常量是（　　）（说明：符号□表示空格）。

A. 9□9□9　　　B. 0Xab　　　C. 123E0.2　　　D. 2.7e

14. C 语言主要是借助以下（　　）功能来实现程序模块化。

A. 定义函数　　B. 定义常量和外部变量　　C. 三种基本结构语句　　D. 丰富的数据类型

15. 以下叙述中错误的是（　　）。

A. 非零的数值型常量有正值和负值的区分

B. 常量是在程序运行过程中值不能被改变的量

C. 定义符号常量必须用类型名来设定常量的类型

D. 用符号名表示的常量叫符号常量

16. 若有定义和语句 "int a, b; scanf("%d, %d", &a, &b);"，以下选项中的输入数据不能把值 3 赋给变量 a、5 赋给变量 b 的是（　　）。

A. 3，5，　　　　B. 3，5，4　　　C. 3□5　　D. 3，5

17. C 语言中 char 类型数据占字节数为（　　）。

A. 3　　　B. 4　　　C. 1　　　D. 2

18. 下列关系表达式中，结果为"假"的是（　　）。

A. (3+4)>6　　B. (3!=4)>2　　C. 3<=4 ‖ 3　　　D. (3<4)=1

19. 若以下选项中的变量全部为整型变量，且已正确定义并赋值，则语法正确的 switch 语句是（　　）。

A.　switch(a+9)

　　{case cl:y=a-b;

　　case c2:y=a+b;

　　}

B.　switch a*b

　　{case l0:x=a+b;

　　default:y=a-b;

　　}

C.　switch(a+b)

　　{casel:case3:y=a+b;break;

　　case0:case4:y=a-b;

　　　}

D.　switch(a*a+b*b)

　　{default:break;

　　case 3:y=a+b;break;

　　case 2:y=a-b;break;

　　}

20. 以下程序运行后的输出结果是（　　）。

```
#include <stdio.h>
#include <string.h>
#include <math.h>
main()
{ int a=-2,b=0;
   while(a++&&++b);
   printf("%d,%d\n",a,b);
}
```

　　A.　1,3　　　　　　B.　0,2　　　　　　C.　0,3　　　　　　D.　1,2

21. 设有定义"int x=o,* P;"，立刻执行以下语句，正确的语句是（　　）。

　　A.　p=x;　　　　B.　* p=x;　　　　C.　D=NULL;　　　　D.　* p=NULL;

22. 下列叙述中正确的是（　　）。

　　A.　可以用关系运算符比较字符串的大小

　　B.　空字符串不占用内存，其内存空间大小是 0

　　C.　两个连续的单引号是合法的字符常量

　　D.　两个连续的双引号是合法的字符串常量

23. 以下程序运行后的输出结果是（　　）。

```
#include <stdio.h>
#include <string.h>
#include <math.h>
main()
{ char a='H';
 a=(a>='A'&&a<='Z')?(a-'A'+'a'):a;
 printf("%c\n",a);
}
```

　　A. A　　　　　　　B. a　　　　　　　C. H　　　　　　　D. h

24. 以下程序运行后的输出结果是（　　）。

```
#include <stdio.h>
#include <string.h>
```

```
#include <math.h>
int f(int x);
main()
{ int a,b=0;
  for(a=0;a<3;a++)
  {b=b+f(A) ;putchar('A'+b);}
}
int f(int x)
{ return x * x; }
```
A. ABF B. BDI C. BCF D. BCD

25. 设有定义 "int x[2][3];"，则以下关于二维数组 X 的叙述错误的是（　　）。
 A. x[0]可看做是由 3 个整型元素组成的一维数组
 B. x[0]和 x[1]是数组名，分别代表不同的地址常量
 C. 数组 X 包含 6 个元素
 D. 可以用语句 x[0]=0；为数组所有元素赋初值 0

26. 设变量 P 是指针变量，语句 "P=NULL;" 是给指针变量赋 NULL 值，它等价于（　　）。
 A. p=""; B. p="0"; C. p=0; D. p=";

27. 以下程序运行后的输出结果是（　　）。
```
#include <stdio.h>
#include <string.h>
#include <math.h>
main()
{int a[]={10,20,30,40},*p=a,i;
  for(i=0;i<=3;i++){a[i]=*p;p++;}
  printf("%d\n",a[2]);
}
```
A. 30 B. 40 C. 10 D. 20

28. 以下程序（strcpy 为字符串复制函数，strcat 为字符串连接函数）运行后的输出结果是（　　）。
```
#include <stdio.h>
#include <string.h>
#include <math.h>
main()
{char a[10]="abc",b[10]="012",c[10]="xyz";
strcpy(a+1,b+2);
puts(strcat(a,c+1));
}
```
A. al2xyz B. 12yz C. a2yz D. bc2yz

29. 以下选项中合法的是（　　）。

A. char str3[]={'d','e','b','u','g','\0'};

B. char str4;str4="hello world";

C. char name[10];name="china";

D. char strl[5]="pass",str2[6];str2=strl;

30. 以下程序运行后的输出结果是（   ）。

```
#include <stdio.h>
#include <string.h>
#include <math.h>
main()
{   char *s="234";int k=0,a=0;
    while(s[k+1]!='\0')
    {   k++;
        if(k%2==0){a=a+(s[k]-'0'+1);continue;   }
        a=a+(s[k]-'0');
    printf("k=%d a=%d\n",k,a);}
}
```

A. k=6 a=11   B. k=3 a=14   C. k=1 a=3   D. k=5 a=15

31. 以下程序运行后的输出结果是（   ）。

```
#include <stdio.h>
#include <string.h>
#include <math.h>
main()
{char a[5][10]={"one","tw0","three","four","five"};
 int i,j;
 char t;
 for(i=0;i<4;i++)
   for(j=i+1;j<5;j++)
   if(a[i][0]>a[j][0])
   {t=a[i][0];a[i][0]=a[j][0];a[j][0]=t;}
 puts(a[1]);
}
```

A. fw0   B. fix   C. tw0   D. 0w0

32. 以下程序运行后的输出结果是（   ）。

```
#include <stdio.h>
#include <string.h>
#include <math.h>
int a=1,b=2;
void funl(int a,int b)
{printf(  "%d%d",a,b);  }
```

```
void fun2()
{ a=3;b=4; }
main()
{ fun1(5,6);fun2();
  printf("%d%d\n",a,b);
}
```

A. 1 2 5 6   B. 5 6 3 4   C. 5 6 1 2   D. 3 4 5 6

33. 以下程序运行后的输出结果是（   ）。

```
#include <stdio.h>
#include <string.h>
#include <math.h>
void func(int n)
{ static int num=1;
  num=num+n;printf("%d",num);
}
main()
{func(3);func(4);printf("\n"); }
```

A. 4 8   B. 3 4   C. 3 5   D. 4 5

34. 以下程序运行后的输出结果是（   ）。

```
#include <stdio.h>
#include <string.h>
#include <math.h>
void fun(int*p1,int*p2,int*s)
{ s=(int*)malloc(sizeof(int));
  *s=*p1+*p2;
  free(s);
}
main()
{int a=1,b=40,*q=&a;
  fun(&a,&b,q);
  printf("%d\n",*q);
}
```

A. 42   B. 0   C. 1   D. 41

35. 以下程序运行后的输出结果是（   ）。

```
#include <stdio.h>
#include <string.h>
#include <math.h>
struct STU
{char name[9];
```

```
char sex;
int score[2];
};
    void f(struct STU a[])
    {   struct STU b={"Zhao",'m',85,90};
      a[1]=b;
    }
    main()
    {struct STU c[2]={{"Qian",'f',95,92},{"Sun",'m', 98,99}};
      f(C) ;
      printf("%s,%c,%d,%d,",c[0].name,c[0].sex,c[0].score[0],c[0].score[1]);
      printf("%s,%c,%d,%d\n",c[1].name,c[1].sex,c[1].score[0],c[1].score
      [1]);
    }
```

A. Zhao,m,85,90,Sun,m,98,99

B. Zhao,m,85,90,Qian,f,95,92

C. Qian,f,95,92,Sun,m,98,99

D. Qian,f,95,92,Zhao,m,85,90

36. 以下叙述中错误的是（　　）。

A. 可以用 typedef 说明的新类型名来定义变量

B. typedef 说明的新类型名必须使用大写字母，否则会出编译错误

C. 用 typedef 可以为基本数据类型说明一个新名称

D. 用 typedef 说明新类型的作用是用一个新的标识符来代表已存在的类型名

37. 以下叙述中错误的是（　　）。

A. 函数的返回值类型不能是结构体类型，只能是简单类型

B. 函数可以返回指向结构体变量的指针

C. 可以通过指向结构体变量的指针访问所指结构体变量的任何成员

D. 只要类型相同，结构体变量之间可以整体赋值

38. 若有定义语句"int b=2;"，则表达式(b<<2) / (3 ‖ b)的值是（　　）。

A. 4　　　　　B. 8　　　　C. 0　　　　　D. 2

39. 以下程序运行后的输出结果是（　　）。

```
#include <stdio.h>
#include <string.h>
#include <math.h>
main()
{   FILE*fp;   int i,a[6]={1,2,3,4,5,6};
    fp=fopen("d2.dat","w+");
    for(i=0;i<6;i++)fprintf(fp,"%d\n",a[i]);
    rewind(fp);
```

```
    for(i=0;i<6;i++)fscanf(fp,"%d",&a[5-i]);
    fclose(fp);
    for(i=0;i<6;i++)printf("%d,",a[i]);
}
```

  A. 4,5,6,1,2,3,   B. 1,2,3,3,2,1,

  C. 1,2,3,4,5,6,   D. 6,5,4,3,2,1,

40. 设 x=011050，则 x=x & 01252 的值是（   ）。

  A. 0000001000101000   B. 1111110100011001

  C. 0000001011100010   D. 1100000000101000

二、基本操作题（共 18 分）

  str 是一个由数字和字母字符组成的字符串，由变量 num 传入字符串长度。请补充函数 proc()，该函数的功能是：把字符串 str 中的数字字符转换成数字并存放到整型数组 bb 中，函数返回数组 bb 的长度。

  例如，str="abc123de45f967"，结果为：1234567。

  注意：部分源程序给出如下。（请勿改动 main()函数和其他函数中的任何内容，仅在函数 proc()的横线上填入所编写的若干表达式或语句。）

  试题程序：

```
#include <stdio.h>
#include <string.h>
#include <math.h>
  #define M 80
  int bb[M];
int proc(char str[],int bb[],int num)
{
 int i,n=0;
 for(i=0;i<M;i++)
 {
  if( 【1】 )
  {
  bb[n]=【2】 ;
  n++;
  }
 }
 return 【3】 ;
}
void main()
{
```

```
    char str[M];
    int num=0,n,i;
    printf("Enter a string:\n");
    gets(str);
    while(str[num])
    num++;
    n=proc(str,bb,num);
    printf("\nbb=");
    for(i=0;i<M;i++)
    printf("%d",bb[i]);
}
```

三、程序改错题（共 24 分）

下列给定程序中，函数 proc() 的功能是：读入一个字符串(长度<20)，将该字符串中的所有字符按 ASCII 码升序排序后输出。

例如，输入 opdye，则应输出 deopy。

请修改程序中的错误，使它能得到正确结果。

注意：不要改动 main() 函数，不得增行或删行，也不得更改程序的结构。

试题程序：

```
#include <stdio.h>
#include <math.h>
#include<string.h>
#include<stdlib.h>
#include<stdio.h>
  //****found****
int proc(char str[]，int y)
{
    char c;
    unsigned i,j;
    for(i=0;i<=y-1-1;i++)
    for(j=0;j<y-1-i;j++)
    {if(str[j]>str[j+1])
    {c=str[j];
      //****found****
      str[j]=str[j++];
      str[j+1]=c;
    } }
}
```

```
void main()
{
    char str[81]; int x;
    system("CLS");
    printf("\nPlease enter a character   string: ");
    gets(str); x=strlen(str);
    printf("\nknBefore sorting:  \n %s",str);
    proc(str,x);
    printf("\nAfter sorting decendingly:  \n %s",str);
}
```

四、程序设计题（共 18 分）

请编写函数 proc()，它的功能是计算：s=In(1)+ln(2)+ln(3)+…+In(m)
在 C 语言中可以调用 log(n)函数求 ln(n)。

例如，若 m 的值为 30，则 proc()函数值为 8.640500。

注意：部分源程序给出如下。（请勿改动 main()函数和其他函数中的任何内容，仅在函数proc()的花括号中填入所编写的若干语句。）

试题程序：

```
#include <string.h>
#include <stdio.h>
#include <math.h>
double proc(int m)
{
}
void main()
{
    system("CLS");
    printf("%f\n",proc(30));
}
```

【参考答案及解析】

一、选择题

1. C。【解析】 数据的逻辑结构是描述数据之间的关系，分两大类：线性结构和非线性结构。线性结构是 n 个数据元素的有序(次序)集合，指的是数据元素之间存在着"一对一"的线性关系的数据结构。常用的线性结构有：线性表，栈，队列，双队列，数组，串。非线性结构的逻辑特征是一个结点元素可能对应多个直接前驱和多个后继。常见的非线性结构有：树(二叉树等)，图(网等)，广义表。

2．B。【解析】　　Q(1:35)则队列的存储空间为 35；对空条件：front=rear(初始化时：front=rear)，队满时：(rear+1)%n= =front，n 为队列长度(所用数组大小)，因此，当执行一系列的出队与入队操作时，front=rear，则队列要么为空，要么为满。

3．B。【解析】　栈是先进后出，因此，栈底元素是先入栈的元素，栈顶元素是后入栈的元素。

4．D。【解析】　单一的数据结构——关系，现实世界的实体以及实体之间的各种联系均用关系来表示。数据的逻辑结构——二维表，从用户角度来看，关系模型中数据的逻辑结构是一张二维表。关系模型的这种简单的数据结构能够表达丰富的语义，描述出现实世界的实体以及实体之间的各种关系。

5．A。【解析】　部门到职员是一对多的，职员到部门是多对一的，因此，实体部门和职员之间的联系是 l:m 联系。

6．C。【解析】选择：是在数据表中按给定的条件进行数据筛选。投影：是把表中的某几个属性的数据选择出来。连接：有自然连接、外连接、内连接等，连接主要用于多表之间的数据查询。并：与数学中的并是一样的。两张表进行并操作，要求它们的属性个数相同并且需要相容。

7．C。【解析】　数据字典(DD)是指对数据的数据项、数据结构、数据流、数据存储、处理逻辑、外部实体等进行定义和描述，其目的是对数据流程图中的各个元素做出详细的说明。

8．B。【解析】　《软件可行性分析报告》是软件可行性研究的依据。

9．A。【解析】　黑盒测试方法主要有等价类划分、边界值分析、因果图、错误推测等。白盒测试的主要方法有逻辑驱动、路径测试等，主要用于软件验证。

10．A。【解析】　软件设计阶段的主要任务包括两个：一是进行软件系统的可行性分析，确定软件系统的建设是否值得，能否建成；二是进行软件的系统分析，了解用户的需求，定义应用功能，详细估算开发成本和开发周期。

11．B。【解析】　C 语言是一种成功的系统描述语言，具有良好的移植性，每个后缀为 .C 的 C 语言源程序都可以单独进行编译。

12．A。【解析】　用户标识符不能以数字开头，C 语言中标识符是区分大小写的，关键字不能用做用户标识符。

13．B。【解析】　当用指数形式表示浮点数据时，E 的前后都要有数据，并且 E 后面的数要为整数。

14．A。【解析】　C 语言是由函数组成的，函数是 C 语言的基本单位。所以，可以说 C 语言主要是借助定义函数来实现程序模块化的。

15．C。【解析】　在 C 语言中，可以用一个标识符来表示一个常量，称之为符号常量。符号常量在使用之前必须先定义，其一般形式为：#define 标识符常量。

16．C。【解析】　在输入 3 和 5 之间除逗号外不能有其他字符。

17．C。【解析】Char 类型数据占 1 个字节。

18．B。【解析】　在一个表达式中，括号的优先级高，先计算 3 !=4，为真即 1，1>2 为假。

19. D。【解析】　选项 A，当 cl 和 c2 相等时，不成立；选项 B，a*b 要用括号括起来；选项 C，case 与后面的数字用空格隔开。

20. D。【解析】　输出的结果是：-1, 1　　0, 2　　1, 2

21. C。【解析】　如果没有把 P 指向一个指定的值，*P 是不能被赋值的。定义指针变量不赋初始值时默认为 null。

22. D。【解析】　比较两个字符串大小用函数 strcomp(S，t)，空字符串有结束符，所以也要占用字节，两个双引号表示的是空字符串。

23. D。【解析】　多元运算符问号前面表达式为真，所以(a-'A'+'a')赋值给 a，括号里的运算是把大写字母变成小写字母，所以答案应为选项 D。

24. A。【解析】　第一次循环时，输出结果为 A；第二次循环时，输出结果为 B；第三次循环时，输出结果为 F。

25. D。【解析】　x[0]是不能赋值的。

26. C。【解析】　在 C 语言中，null 等价于数字 0。

27. A。【解析】　For 循环结束后，数组 a 的值并没有变化，由于数组是由 0 开始的，所以 a[2]的值是 30。

28. C。【解析】　第一次执行字符串的复制函数 a 的值是 a2，第二次执行的是字符串的连接函数，所以运行结果为 a2yz。

29. A。【解析】　选项 B 不能把一个字符串赋值给一个字符变量，选项 C 和 D 犯了同样的错误是把字符串赋给了数组名。

30. C。【解析】　输出结果：k=1 a=3。

31. A。【解析】　for 循环完成的功能是把二维数组 a 的第一列的字母按从小到大排序，其他列的字母不变。

32. B。【解析】　funl 是输出局部变量的值，fun2 是把全局变量的值改成 3 和 4，所以输出的结果是 5 6 3 4。

33. A。【解析】　第一次调用 func 函数时输出 4，第二次调用 func 函数时 num 的值并不会释放，仍然是上次修改后的值 4，第二次调用结果为 8，所以输出结果是 48。

34. C。【解析】　fun 函数的功能是新开辟内存空间存放 a 和 b 的地址，q 的地址并没有变化，所以应该还是指向地址 a。

35. D。【解析】　f 函数是为结构体数组的第二个数赋值，数组的第一个数没有变化，所以正确答案应选 D。

36. B。【解析】　用 typedef 说明的类型不是必须用大写，而是习惯上用大写。

37. A。【解析】　函数返回值类型可以是简单类型和结构体类型。

38. B。【解析】　2 的二进制数为 010，移两位后的二进制数为 01000，转成十制数为 8，(3||2)为真即 1，8/1=8，所以结果为 8。

39. D。【解析】　这个是对文件的操作，把数组的数写到文件里，然后再从文件里倒序读出。所以输出结果为 6，5，4，3，2，1。

40. A。【解析】　本题主要考查按位与运算，x=011050 的二进制形式为 00010010000101000，01252 的二进制形式为 0000001010101010，两者相"与"得 0000001000101000。

二、基本操作题

【1】str[i]>='0'&&str[i]<='9'　　【2】str[i]-'0'　　【3】n

【解析】　题目中要求把字符串 str 中的数字字符转换成数字并存放到整型数组 bb 中。首先，应判断字符串 str 中每个字符是否是数字字符。因此，【1】处填"str[i]>="0"&&str[i]<="9"，将每个数字字符转化为数字放在整型数组 bb 中，【2】处填"str[i]-"0"；由函数 proc()可知，变量 n 中存放整型数组 bb 中的元素个数，最后要返回到主函数当中，因此，【3】处填"n"。

三、程序改错题

(1) 错误：int proc(char str[],int y)
　　正确：void proc(char str[],int y)
(2) 错误：str[j]=str[j++];
　　正确：str[j]=str[j+1];

【解析】　由主函数中的函数调用可知，函数 proc()没有返回值。因此，"int proc(char str[],int y)"应改为"void proc(char str[],int y)"；由函数 proc()可知，if 语句块完成将字符串 str 中的第 j 个元素与第 j+1 个元素相交换。因此，"str[j]=str[j++];"应改为"str[j]=str[j+1];"。

四、程序设计题

```
double proc(int m)
{
int i;
double s=0.0;                  //s 是表示其和
for(i=1;i<=m;i++)
s=s+log(i);                    //计算 s=ln(1)+ln(2)+ln(3)+…+ln(m)
return sqrt(s);                //最后将其开平方的值返回到主函数中
}
```

【解析】　由题目中所给表达式可知，表达式的值为 m 项表达式的和然后开平方。可以首先通过 m 次循环求得 m 项表达式的和，然后将其和开平方并返回到主函数当中。

第二套模拟题

一、选择题（每小题 1 分，共 40 小题，共 40 分）

1. 下列叙述中正确的是（　　）。
　　A. 循环队列是队列的一种链式存储结构
　　B. 循环队列是队列的一种顺序存储结构

C. 循环队列是非线性结构

D. 循环队列是一种逻辑结构

2. 下列叙述中正确的是（　　）。

A. 为了建立一个关系，首先要构造数据的逻辑关系

B. 表示关系的二维表中各元组的每一个分量还可以分成若干数据项

C. 一个关系的属性名表称为关系模式

D. 一个关系可以包括多个二维表

3. 一棵二叉树共有 25 个结点，其中 5 个是叶子结点，则度数为 1 的结点数为（　　）。

A. 16　　　　　　B. 10　　　　　　C. 6　　　　　　D. 4

4. 在下列模式中，能够给出数据库物理存储与物理存取方法的是（　　）。

A. 外模式　　　B. 内模式　　　C. 概念模式　　　D. 逻辑模式

5. 在满足实体完整性约束的条件下（　　）。

A. 一个关系中应该有一个或多个候选关键字

B. 一个关系中只能有一个候选关键字

C. 一个关系中必须有多个候选关键字

D. 一个关系中可以没有候选关键字

6. 以下有三个关系 R、S 和 T，则由关系 R 和 S 得到关系 T 的操作是（　　）。

	R				S				T	
A	B	C		A	B	C		A	B	C
a	1	2		a	1	2		b	2	1
b	2	1		d	2	1		c	3	1
c	3	1								

A. 自然连接　　　B. 并　　　　　　C. 交　　　　　　D. 差

7. 软件生命周期中的活动不包括（　　）。

A. 软件维护　　　B. 市场调研　　　C. 软件测试　　　D. 需求分析

8. 下面不属于需求分析阶段的任务是（　　）。

A. 确定软件系统的功能需求

B. 确定软件系统的性能需求

C. 制定软件集成测试计划

D. 需求规格说明书评审

9. 在黑盒测试方法中，设计测试用例的主要根据是（　　）。

A. 程序外部功能

B. 程序内部逻辑

C. 程序数据结构

D. 程序流程图

10. 在软件设计中不使用的工具是（　　）。

A. 系统结构图

B. 程序流程图

C. PAD 图

D. 数据流图(DFD 图)

11. 针对简单程序设计，以下叙述的实施步骤顺序正确的是（　　）。

A. 确定算法和数据结构、编码、调试、整理文档

B. 编码、确定算法和数据结构、调试、整理文档

C. 整理文档、确定算法和数据结构、编码、调试

D. 确定算法和数据结构、调试、编码、整理文档

12. 关于 C 语言中数的表示，以下叙述中正确的是（　　）。

A. 只有整型数在允许范围内能精确无误地表示，实型数会有误差

B. 只要在允许范围内，整型数和实型数都能精确地表示

C. 只有实型数在允许范围内能精确无误地表示，整形数会有误差

D. 只有用八进制表示的数才不会有误差

13. 以下关于算法的叙述中错误的是（　　）。

A. 算法可以用伪代码、流程图等多种形式来描述

B. 一个正确的算法必须有输入

C. 一个正确的算法必须有输出

D. 用流程图描述的算法可以用任何一种计算机高级语言编写成程序代码

14. 以下叙述中错误的是（　　）。

A. 一个 C 程序中可以包含多个不同名的函数

B. 一个 C 程序只能有一个主函数

C. C 程序在书写时，有严格的缩进要求，否则不能编译通过

D. C 程序的主函数必须用 main 作为函数名

15. 设有以下语句 "char chl,ch2;scanf("%c%C",&chl,&ch2);"，若要为变量 chl 和 ch2 分别输入字符 A 和 B，正确的输入形式应该是（　　）。

A. A 和 B 之间用逗号间隔

B. A 和 B 之间不能有任何间隔符

C. A 和 B 之间可以用回车间隔

D. A 和 B 之间用空格间隔

16. 以下选项中非法的字符常量是（　　）。

A. '\101'

B. '\65'

C. '\xff'

D. '\019'

17. 以下程序运行后的输出结果是（　　）。

```
#include <stdio.h>
#include <string.h>
#include <math.h>
main( )
```

```
{int a=0,b=0,c=0;
c=(a=a=5);(a=b,b+=4);
printf("%d,%d,%d\n",a,b,c);
}
```

A. 0,4,5

B. 4,4,5

C. 4,4,4

D. 0,0,0

18. 设变量均已正确定义并赋值，以下与其他三组输出结果不同的一组语句是（   ）。

A. x++;printf("%dkn",x);

B. n=++x;printf("%d\n",n);

C. ++x;printf("%d\n",x);

D. n=x++;printf("%6d\n",n);

19. 以下选项中，能表示逻辑值"假"的是（   ）。

A. 1   B. 0. 000001   C. 0   D. 100. 0

20. 以下程序运行时，从键盘输入 9<回车>，则输出结果是（   ）。

```
#include <stdio.h>
#include <string.h>
#include <math.h>
main(  )
{int a;
scanf("%d",&a);
if(a++<9)printf("%d\n",a);
else  printf("%d\n",a--);
}
```

A. 10   B. 11   C. 9   D. 8

21. 以下程序运行后的输出结果是（   ）。

```
#include <stdio.h>
#include <string.h>
#include <math.h>
main()
{int s=0,n;
for(n=0;n<3;n++)
{switch(s)
{case 0:
case 1:s+=1;
case 2:s+=2;break;
case 3:s+=3;
default:s+=4;
}
printf("%d， ",s);
```

}
　　A.　1,2,4,　　　　　B.　1,3,6,　　　　　C.　3,10,14,　　　　D.　3,6,10,

22. 若 k 是 int 类型变量，且有以下 for 语句 "for(k=-1;k<0;k++);"。下面关于语句执行情况的叙述，正确的是（　　）。

　　A.　循环体执行一次　　　　　　　B.　循环体执行两次
　　C.　循环体一次也不执行　　　　　D.　构成无限循环

23. 以下程序运行后的输出结果是（　　）。

```
#include <stdio.h>
#include <string.h>
#include <math.h>
main()
{char a,b,c;
b='1';c='A';
for(a=0;a<6;a++)
{if(a%2==1)putchar(b+a);
else putchar(c+a);
}
}
```
　　A.　1B3D5F　　　　B.　ABCDEF　　　　C.　A2C4E6　　　D.　123456

24. 设有如下定义语句 "int m[]={2,4,6,8,10},*k=m;"，以下选项中表达式的值为 6 的是（　　）。

　　A.　*(k+2)　　　B.　k+2　　　　　　C.　*k+2　　　D.　*k+=2

25. fun 函数的功能是：通过键盘输入给 x 所指的整型数组所有元素赋值。在以下程序中，下划线处应填写的是（　　）。

```
#include <stdio.h>
#include <string.h>
#include <math.h>
#define N 5
void fun(int x[N])
{int m;
for(m=N-t;m>=0;m--)scanf("%d",_____);
}
```
　　A.　&x[++m]　　　B.　&x[m+1]
　　C.　x+(m++)　　　　　D.　x+m

26. 若有函数：

```
void fun(double a[],int*n)
{...}
```

以下叙述中正确的是（　　）。

A. 调用 fun 函数时只有数组执行按值传送，其他实参和形参之间执行按地址传送

B. 形参 a 和 n 都是指针变量

C. 形参 a 是一个数组名，n 是指针变量

D. 调用 fun 函数时将把 double 型参数组元素一一对应地传送给形参 a 数组

27. 以下程序编译时，编译器提示错误信息，你认为出错的语句是（　　）。

```
#include <stdio.h>
#include <string.h>
#include <math.h>
main( )
{int a,b,k,m,*pl,*p2;
k=1;m=8;
p1=&k;p2=&m;
a=/*pl-m;b=*p1+*p2+6;
printf("%d",a);printf("%d\n",b);
}
```

A. a=/*pl-m;　　　　B. b=*p1+*p2+6;　　　　C. k=1;m=8;　　　　D. pl=&k,p2=&m;

28. 以下选项中有语法错误的是（　　）。

A. char*str[]={"guest");　　　　　　B. char str[][10]={"guest"};

C. char*str[3];str[t]="guest";　　　D. char str[3][10];str[1]="guest";

29. 下列叙述中正确的是（　　）。

A. 对长度为 n 的有序链表进行查找，最坏情况下需要的比较次数为 n

B. 对长度为 n 的有序链表进行对分查找，最坏情况下需要的比较次数为(n/2)

C. 对长度为 n 的有序链表进行对分查找，最坏情况下需要的比较次数为(log2n)

D. 对长度为 n 的有序链表进行对分查找，最坏情况下需要的比较次数为(nlog2n)

30. 以下程序运行后的输出结果是（　　）。

```
#include <stdio.h>
#include <string.h>
#include <math.h>
main()
{printf("%d\n",strlen("%d\n",strlen("ATS\n012\n")));}
```

A. 3　　　　　B. 8　　　　　C. 4　　　　　D. 9

31. 以下程序运行时，从第一列开始输入"This is a cat!<回车>"，则输出结果是（　　）。

```
#include <stdio.h>
#include <string.h>
#include <math.h>
main()
{char a[20],b[20],c[20];
scanf("%s%s",a,b);
gets(C) ;
```

```
printf("%s%s%s\n",a,b,c);
}
```

A. Thisisacat!　　　B. Thisis a　　　C. Thisis a cat!　　　D. Thisisa cat!

32. 以下程序运行后的输出结果是（　　）。

```
#include <stdio.h>
#include <string.h>
#include <math.h>
void fun(char c)
{if(c>'X')fun(c-1);
printf("%c",c);
}
main()
{fun('Z');}
```

A. xyz　　　B. wxyz　　　C. xzy　　　D. zvx

33. 以下程序运行后的输出结果（　　）。

```
#include <stdio.h>
#include <string.h>
#include <math.h>
void func(int n)
{int i;
for(i=0;i<=n;i++)printf("*");
printf("#");
}
main()
{func(3);printf("????");func(4);printf("\n");}
```

A. ****#????****#　　　　B. ***#????****#

C. **#????****#　　　　D. ****#????*****#

34. 以下程序运行后的输出结果是（　　）。

```
#include <stdio.h>
#include <string.h>
#include <math.h>
void fun(int*s)
{static int j=0;
do{s[j]=s[j]+s[j+1];}while(++j<2);
}
main()
{ int k,a[10]={1,2,3,4,5};
for(k=1;k<3;k++)fun(A) ;
for(k=0;k<5;k++)printf("%d",a[k]);
```

```
printf("\n");
}
```
A. 12345　　　　B. 23445　　　　C. 34756　　　　D. 35745

35. 设有以下程序段，若要引用结构体变量 std 中的 color 成员，写法错误的是（　　）。

```
struct MP3
{char name[20];
char color;
float price;
}std,*ptr;
ptr=&std:
```
A. std. color　　　　B. ptr->color　　　　C. std->color　　　　D. (*ptr)color

36. 以下程序运行后的输出结果是（　　）。

```
#include <stdio.h>
#include <string.h>
#include <math.h>
struct stu
{int num;char name[10];int age;};
void fun(struct stu*p)
{printf("%s\n",p->name);}
main()
{struct stu x[3]={{01,"Zhang",20},{02,"Wang",19},{03,"Zhao",18}};
fun(x+2);
}
```
A. Zhang　　　　B. Zhao　　　　C. Wang　　　　D. 19

37. 以下程序运行后的输出结果是（　　）。

```
#include <stdio.h>
#include <string.h>
#include <math.h>
main()
{int a=12,c;
c=(a<<2)<<1;
printf("%d\n",c);
}
```
A. 3　　　　B. 50　　　　C. 2　　　　D. 96

38. 以下函数不能用于向文件中写入数据的是（　　）。
A. ftell　　　　B. fwrite　　　　C. fputc　　　　D. fprintf

39. 下列叙述中正确的是（　　）。
A. 数据的逻辑结构与存储结构必定是一一对应的
B. 由于计算机存储空间是向量式的存储结构，因此，数据的存储结构一定是线性结构

C. 程序设计语言中的数组一般是顺序存储结构，因此，利用数组只能处理线性结构

D. 以上三种说法都不对

40. 软件(程序)调试的任务是（　　）。

A. 诊断和改正程序中的错误　　　　B. 尽可能多地发现程序中的错误

C. 发现并改正程序中的所有错误　　D. 确定程序中错误的性质

二、基本操作题（共 18 分）

请补充 main（　　）函数，该函数的功能是：把一个字符串中的所有小写字母字符全部转换成大写字母字符，其他字符不变，结果保存在原来的字符串中。

例如，当 str[M]="abcdefl23ABCD"，结果输出："ABCDEFl23ABCD"。

注意：部分源程序给出如下。请勿改动 main（　　）函数和其他函数中的任何内容，仅在横线上填入所编写的若干表达式或语句。

试题程序：

```
#include <stdio.h>
#include <string.h>
#define M 80
void main(  )
{
int j;
char str[M]="abcdefl23ABCD";
char*pf=str;
system("CLS");
printf("***original string***\n");
puts(str);
【1】
while(*(pf+j))
{
if(*(pf+j)>='a'&&*(pf+j)<='z')
{
*(pf+j)=【2】;
【3】;
}
else
j++;
}
printf("****new string****\n");
puts(str);
system("pause");}
```

三、程序改错题（共 24 分）

下列给定程序中，函数 proc（　）的功能是：根据输入的 3 个边长(整型值)，判断能否构成三角形：若能构成等边三角形，则返回 3；若是等腰三角形，则返回 2；若能构成三角形则返回 1；若不能，则返回 0。

例如，输入 3 个边长为 3,4,5，实际输入时，数与数之间以 Enter 键分隔而不是逗号。请修改程序中的错误，使它能得出正确的结果。

注意：不要改动 main（　）函数，不得增行或删行，也不得更改程序的结构。

试题程序：

```
#include <stdio.h>
#include <string.h>
int proc(int a,int b,int c)
{
if(a+b>c&&b+c>a&&a+c>b)
{
if(a==b&&b==c)
//****found****
return 1;
else if(a==b || b==c || a==c)
return 2;
//****found****
else return 3;
}
else return 0;
}
void main(   )
{
int a,b,c,shape;
printf("\nInput a,b,c:");
scanf("%d%d%d",&a,&b,&c);
printf("\na=%d,b=%d,c=%d\n",a,b,c);
shape=proc(a,b,c);
printf("\n\nThe shape:%d\n",shape);
}
```

四、程序设计题（共 18 分）

请编写函数 proc（　），其功能是：将 str 所指字符串中下标为偶数的字符删除，字符串中剩余字符形成的新字符串放在 t 所指数组中。

例如，当 str 所指字符串中的内容为 abcdefg，则在 t 所指数组中的内容应是 bdf。

注意：部分源程序给出如下。请勿改动 main（　　）函数和其他函数中的任何内容，仅在函数 proc（　　）的花括号中填入所编写的若干语句。

试题程序：

```c
#include <stdio.h>
#include <string.h>
    void proc(char*str,char t[])
    {
    }
    void main()
    {
    char str[100],t[100];
    system("CLS");
    printf("\nPlease enter string str:");
    scanf("%s",str);
    proc(str,t);
    printf("\nThe result is:%s\n",t);
    }
```

【参考答案及解析】

一、选择题

1. B。【解析】　循环队列是线性结构，所以 C 选项错误，存储结构是数据在计算机中的表示，循环队列在计算机内是顺序存储结构，所以答案选择 B。

2. A。【解析】　元组分量的原子性要求二维表中元组的分量是不可分割的基本数据项。关系的框架称为关系模式。一个称为关系的二维表必须同时满足关系的 7 个性质。

3. A。【解析】　根据二叉树的性质，n=n0+n1+n2(n 表示总结点数，n0 表示叶子结点数，nl 表示度数为 1 的结点数，n2 表示度数为 2 的结点数)，而叶子结点数总是比度数为 2 的结点数多 1，所以 n2=n1-1=5-1=4，而 n=25，所以 nl=n-n0-n2=25-5-4=16。

4. B。【解析】　数据库领域公认的标准结构是三级模式结构，它包括外模式、模式和内模式，能有效地组织、管理数据，提高了数据库的逻辑独立性和物理独立性。用户级对应外模式，概念级对应模式，物理级对应内模式，使不同级别的用户对数据库形成不同的视图。

5. A。【解析】　实体完整性约束是指一个关系具有某种唯一性标识，其中主关键字为唯一性标识，而主关键字中的属性不能为空。候选关键字可以有一个或者多个，答案选择 A。

6. D。【解析】　关系的基本运算有差、交、并、投影等。根据 R 和 S 得到 T，可以看出，此关系为差，所以答案选择 D。

7. B。【解析】 软件生命周期是指从软件的产生到消亡的一个过程，其中包含需求分析、软件开发、软件测试、软件维护等阶段，不包含市场调研，所以答案选择 B。

8. C。【解析】 需求分析阶段是确定软件的功能和性能的要求，最后产生一个需求规格说明书，并同时制订系统测试计划。其中集成测试计划不是在需求分析阶段，所以答案选择 C。

9. D。【解析】 黑盒测试是不考虑内部结构的，而程序流程图是程序内部的表示方法，所以此测试是根据程序流程图进行的，答案选择 D。

10. C。【解析】 数据分析主要使用的是数据流图和数据字典，概念设计阶段使用的是系统结构图，在详细设计阶段使用的是程序流程图。所以答案选择 C。

11. A。【解析】 在 C 语言中，程序的实现步骤为：先确定程序中的算法和数据结构，然后进行程序的编码，再对程序进行调试，最后进行文档的整理和记录。使用这种步骤可以方便程序的编写以及在完成后提高代码的重用性。

12. A。【解析】 当数据类型是实数时，在存储过程中，如小数部分无限长，则会在小数部分产生截断，因而存在误差，所以答案选择 A。

13. B。【解析】 一个正确的算法应该有零个或者多个输入。

14. C。【解析】 C 语言程序中有且只有一个主函数，但允许自定义多个函数。主函数的表示方法为 main（   ），所以答案选择 C。

15. B。【解析】 输入函数 scanf 中，必须严格按照函数中的格式控制要求进行输入，在 scanf("%c%C",&chl,& ch2)的格式控制语句中没有任何字符进行间隔，所以在输入时也不能使用任何字符进行间隔，所以答案选择 B。

16. D。【解析】 在选项中，' \ 019'，以 0 开头的数都为八进制数，而八进制的表示数字是 0 ~ 7，所以答案选择 D。

17. A。【解析】 本题考查简单的赋值运算，在程序中先算括号中的 a-=a-5=5，所以 c=5；再计算(a=b, b+=4);，a=b=0，b+=4=0+4=4，所以 b=4，a=0，b=4，c=5，答案选择 A。

18. D。【解析】 本题考查++运算操作符，当++在变量前面时，是先加 1 再赋值，当++在变量后面时，是先赋值再加 1，所以答案选择 D。

19. C。【解析】 本题考查逻辑值"假"，在程序中非 0 字符表示逻辑"真"，0 表示逻辑"假"，所以答案选择 C。

20. A。【解析】 本题考查简单的运算符操作。当输入 9 时，(a++<9)为"假"，所以执行 else 语句中的 printf("%d \ n"，a--)，在执行时 a 经过 a++操作，a=10，所以答案为 A。

21. C。【解析】 本题考查 switch...ease 语句，在本题的程序中，只有在 case 2:s+2;break;中才有 break 语句，当 s=0 时会执行 s=s+1;s=s+2; 所以 s=3。当 s=3 时，会执行 s=s + 3;s=s+4; 所以 s=10，依此类推，答案选择 C。

22. A。【解析】 本题考查简单的 for 语句，程序中当 k<0 时循环才执行，所以答案选择 A。

23. C。【解析】 本题考查 putchar 输出语句，当 a=0 时，a%2=0，所以执行 else 语句，所以第一次输出 A；当 a=l 时，a%2=1，执行 if 语句，所以第二次输出 2。依次类推，所以答案选择 C。

24．A。【解析】　本题考查数组和指针，*k 指针是指向 rn 数组的首地址，所以要使表达式的值为 6，只需要指针指向第 m[2]，所以答案选择 A。

25．A。【解析】　本题考查++运算符和 for 语句，当 m=N-1 时，是为 x 数组的最后一个元素进行复制，选项 B 是&x[m+1]，此时数组越界，C 和 D 都表示地址，所以是错误的，答案选择 A。

26．B。【解析】　本题考查函数中数组和指针的数值传递，数组 a[]在参数传递时，是传递数组 a 的首地址，所以形参 a 和 n 都是指针变量。

27．A。【解析】　本题考查指针，pl=&k 表示 p 指向 k 的地址，则*p=k，依次类推，在对指针进行赋值时没有错误。a=/*p1-m 赋值，在 C 语言中"/*"表示的是注释，所以答案选择 A。

28．D。【解析】　在 D 选项中，首先定义了一个二维数组 str，str[1]="guest"，在赋值时使用一个字符串进行赋值是错误的，所以答案选择 D。

29．C。【解析】　对分法查找只适用于顺序存储的有序表，对于长度为 n 的有序线性表，最坏情况只需比较 log2n 次。

30．A。【解析】　本题考查 strlen 函数和转移字符，strlen 函数的功能是求字符串的长度，在本题中有"\"，在 C 语言中"\"是转义字符，在计算长度时会将转义字符以及后面的第一个字符作为 1 个长度进行计算。

31．C。【解析】　在输入字符串时，空格表示输入结束，所以 a="This"，b="is"，c="a cat"，在输出时会输出 Thisis a cat！。

32．A。【解析】　本题考查简单的递归函数，当 c>'X'则会产生递归，依次类推，答案选择 A。

33．D。【解析】　本题考查简单的 for 循环。对于 func(3)，由于 i 是从 0 开始，所以会输出 4 个"*"和 1 个"#"，然后打印 4 个"？"；对于 func(4)，会输出 5 个"*"和 1 个"#"，所以答案选择 D。

34．D。【解析】　本题考查静态变量，静态变量可储存已经操作过的值，所以 fun(A) s[0]=3，s[1]=5，s[2]=7，所以答案选择 D。

35．A。【解析】　本题中要引用结构体变量 std 中的 color，要使用指针，而 std. color 不是一个指针类型，所以答案选择 A。

36．B。【解析】　fun(x+2)表示的是结构体数组中的第 3 个元素，即{03，"Zhao"，18)，而输出的是 name 元素，所以答案为 B。

37．D。【解析】　本题考查左移运算符，左移运算符相当于该数乘以 2ⁿ。

38．A。【解析】　ftell 是返回文件当前指针。

39．D。【解析】　数据的逻辑结构是指反映数据元素之间逻辑关系的数据结构。数据的存储结构(也称数据的物理结构)是指数据的逻辑结构在计算机存储空间中的存放形式。通常一种数据的逻辑结构根据需要可以表示成多种存储结构。

40．A。【解析】　调试的目的是发现错误或导致程序失效的错误原因，并修改程序以修正错误。调试是测试之后的活动。

二、基本操作题

【1】j=0　　【2】*(pf+j)-32　　【3】j++

【解析】　由程序中可知,变量 j 为字符数组的下标,其初始值为 0。因此【1】处填"j=0";大写字母的 ASCII 码值比小写字母的 4、32,要将小写字母变为大写字母,因此,【2】处填"*(pf+j)-32";要将字符串数组中的所有小写字母变为大写字母,需要检查其中的每一个字符,因此,【3】处填"j++"。

三、程序改错题

(1) 错误：return 1;

　　正确：return 3;

(2) 错误：return 3;

　　正确：return 1;

【解析】　三条边都相等的三角形为等边三角形,按题目中要求,等边三角形返回 3,若不是等边三角形也不是等腰三角形则返回 1,因此,"return 1;"应改为"return 3;";"return 3;"应改为"return 1;"。

四、程序设计题

```
void proc(char *str,char t[])
{
int i,j=0;
for(i=0;str[i]!='\0';i++)
{if(i%2!=0)
  t[j++]=str[i];
}                    //把下标为奇数的数放到 t 数组中
t[j]='\0';           //因为 t 是字符串,因此必须用'\0'作为结束标志
}
```

【解析】　题目要求将下标为偶数的字符删除,其余字符放在新的字符数组 t 中。首先取出字符串 str 中下标为奇数的字符,将其赋值给新的字符串 t,最后用'\0'作为字符串结束的标志。

第三套模拟题

一、选择题（每小题 1 分，共 40 小题，共 40 分）

1. 冒泡排序在最坏情况下的比较次数是（　　）。

    A. n(n+1)／2　　　　　B. nlog2n　　　　　C. n(n-1)／2　　　　　D. n／2

2. 下列叙述中正确的是（　　）。

　　A. 有一个以上根结点的数据结构不一定是非线性结构

　　B. 只有一个根结点的数据结构不一定是线性结构

　　C. 循环链表是非线性结构

　　D. 双向链表是非线性结构

3. 某二叉树共有 7 个结点，其中叶子结点只有 1 个，则该二叉树的深度为（　　）。（假设根结点在第 1 层）

　　A. 3　　　B. 4　　　　C. 6　　　　D. 7

4. 在软件开发中，需求分析阶段产生的主要文档是（　　）。

　　A. 软件集成测试计划　　　B. 软件详细设计说明书

　　C. 用户手册　　　　　　　D. 软件需求规格说明书

5. 结构化程序所要求的基本结构不包括（　　）。

　　A. 顺序结构　　　　　　　B. GOTO 跳转

　　C. 选择（分支）结构　　　D. 重复（循环）结构

6. 下面描述中错误的是（　　）。

　　A. 系统总体结构图支持软件系统的详细设计

　　B. 软件设计是将软件需求转换为软件表示的过程

　　C. 数据结构与数据库设计是软件设计的任务之一

　　D. PAD 图是软件详细设计的表示工具

7. 负责数据库中查询操作的数据库语言是（　　）。

　　A. 数据定义语言　　B. 数据管理语言　　C. 数据操纵语言　　　D. 数据控制语言

8. 一个教师可讲授多门课程，一门课程可由多个教师讲授，则实体教师和课程之间的联系是（　　）。

　　A. 1:1 联系　　　　B. 1:m 联系　　　C. m:1 联系　　　D. m:n 联系

9. 有三个关系 R、S 和 T 如下所示，由关系 R 和 S 得到关系 T 的操作是（　　）。

	R			S			T
A	B	C		A	B		C
a	1	2		c	3		1
b	2	1					
c	3	1					

　　A. 自然连接　　　　B. 交　　　　C. 除　　　　D. 并

10. 定义无符号整数类为 UInt，下面可以作为类 UInt 实例化值的是（　　）。

　　A. -369　　　　　B. 369　　　C. 0.369　　　D. 整数集合{1, 2, 3, 4, 5}

11. 计算机高级语言程序的运行方法有编译执行和解释执行两种，以下叙述正确的是（　　）。

　　A. C 语言程序仅可以编译执行

　　B. C 语言程序仅可以解释执行

　　C. C 语言程序既可以编译执行又可以解释执行

　　D. 以上说法都不对

12. 以下叙述中错误的是（　　）。

   A. C语言的可执行程序是由一系列机器指令构成的

   B. 用C语言编写的源程序不能直接在计算机上运行

   C. 通过编译得到的二进制目标程序需要连接才可以运行

   D. 在没有安装C语言集成开发环境的机器上不能运行C源程序生成的.exe文件

13. 以下选项中不能用做C程序合法常量的是（　　）。

   A. 1,234　　　　B. '\123'　　　　C. 123　　　　D. "\x7G"

14. 以下选项中可用做C程序合法实数的是（　　）。

   A. le0　　　　B. 3. 0e0.2　　　　C. E9　　　　D. 9.12E

15. 若有定义语句"int a=3，b=2，c=1;"，以下选项中错误的赋值表达式是（　　）。

   A. a=(b=4)=3;　　B. a=b=c+1:　　C. a=(b=4)+C;　　D. a=1+(b=c-4);

16. 当执行下述程序段，并从键盘输入"name=Lili mum=1001"并<回车>后，name的值为（　　）。

   char name[20];int num;

   scanf("name=%S num=%d",name,&num);

   A. Lili　　　　B. name=Lili　　　　C. Lili num=　　　　D. name=Lili num=1001

17. if语句的基本形式是：if（表达式）语句。以下关于"表达式"值的叙述正确的是（　　）。

   A. 必须是逻辑值　　　　　B. 必须是整数值

   C. 必须是正数　　　　　　D. 可以是任意合法的数值

18. 以下程序运行后的输出结果是（　　）。

```
 #include <stdio.h>
 #include <string.h>
#include <math.h>
   main()
  {int x=011;
printf("%d\n",++x);
}
```

   A. 12　　　　B. 11　　　　C. 10　　　　D. 9

19. 以下程序运行时，若输入1 2 3 4 5 0<回车>，则输出结果是（　　）。

```
#include <stdio.h>
#include <string.h>
#include <math.h>
main()
{int s;
scanf("%d",&s);
while(s>0)
{switch(s)
{case l:printf("%d",s+5);
case 2:printf("%d",s+4);break;
```

```
case 3:printf("%d",s+3);
default:printf("%d",s+1);break;
}
scanf("%d",&s);
}
}
```

A. 6566456　　　B. 66656　　　C. 66666　　　D. 6666656

20. 对于以下程序段，以下关于程序段执行情况的叙述，正确的是（　　）。

```
int i,n;
for(i=0;i<8;i++)
{n=rand()%5;
switch(n)
{case l:
case 3:printf("%d\n",n);break;
case 2:
case 4:print?("%d\n",n);continue;
case():exit(0);
}
printf("%d\n",n);
}
```

A. for 循环语句固定执行 8 次

B. 当产生的随机数 n 为 4 时结束循环操作

C. 当产生的随机数 n 为 1 和 2 时不做任何操作

D. 当产生的随机数 n 为 0 时结束程序运行

21. 以下程序运行后的输出结果是（　　）。

```
#include <stdio.h>
#include <string.h>
#include <math.h>
main()
{char s[]="012xy\O8s34f4w2";
int i,n=0;
for(i=0;s[i]!='\0';i++)
if(s[i]>='0'&&s[i]<='9')n++;
printf("%d\n",n);
}
```

A. 0　　　　B. 3　　　　C. 7　　　　D. 8

22. 若 i 和 k 都是 int 类型变量，有 for 语句 "for(i=0,k=-1;k=1;k++)printf("*****\n");"，下面关于语句执行情况的叙述中正确的是（　　）。

A. 循环体执行 2 次　　　　　B. 循环体执行 1 次

C. 循环体 1 次也不执行　　　　D. 构成无限循环

23. 以下程序运行后的输出结果是（　　）。

```
#include <stdio.h>
#include <string.h>
#include <math.h>
main()
{char b,c;int i;
  b='a';c='A';
  for(i=0;i<6;i++)
  {if(i%2)putchar(i+b);
    else putchar(i+c);
}printf("\n");
}
```

A. ABCDEF　　　B. AbCdEf　　　C. aBcDeF　　　D. abcdef

24. 设有定义 "double x[10],*p=x;"，以下能给数组 x 下标为 6 的元素读入数据的正确语句是（　　）。

A. scanf("%f"&x[6]);　　　　　B. scanf("%If",*(x+6));

C. scanf("%if",p+6);　　　　　D. scanf("%if",p[6]);

25. 以下程序（说明：字母 A 的 ASCII 码值是 65）运行后的输出结果是（　　）。

```
#include <stdio.h>
#include <string.h>
#include <math.h>
void fun(char*s)
{while(*s)
{if(*s%2)printf("%c",*s);
s++; }
}
main()
{char a[]="BYTE";
fun(A) ;printf("\n");
}
```

A. BY　　　B. BT　　　C. YT　　　D. YE

26. 对于以下程序段，以下叙述中正确的是（　　）。

```
#include <stdio.h>
 #include <string.h>
#include <math.h>
main()
{ .
```

.

```
    while(getchar()!='\n');
```

.

.

.

```
    }
```

    A.　此 while 语句将无限循环

    B.　getchar()不可以出现在 while 语句的条件表达式中

    C.　当执行此 while 语句时，只有按回车键程序才能继续执行

    D.　当执行此 while 语句时，按任意键程序就能继续执行

27.　以下程序运行后的输出结果是（　　）。

```
#include <stdio.h>
#include <string.h>
#include <math.h>
main()
{int x=1,y=0;
if(!x)y++;
else if(x==0)
if(x)y+=2;
else y+=3;
printf("%d\n",y);
}
```

    A.　3　　　　　　　　B.　2　　　　　　　　C.　1　　　　　　　　D.　0

28.　若有定义语句"char S[3][10],(*k)[3],*p;"，则以下赋值语句正确的是（　　）。

    A.　p=S;　　　　　　B.　p=k;　　　　　　C.　p=s[0];　　　　　D.　k=s;

29.　当执行以下程序时从键盘输入"Hello Beijing<回车>"，则程序的输出结果是（　　）。

```
#include <stdio.h>
#include <string.h>
#include <math.h>
void fun(char*c)
{while(*c)
{if(*c>='a'&&*c<='z')
*c=(*c-32);
c++;
}
}
main()
{char s[81];
gets(s);
```

```
fun(s);
puts(s);
}
```

A. hello beijing   B. Hello Beijing

C. HELLO BEIJING   D. hELLO Beijing

30. 以下函数的功能是：通过键盘输入数据，为数组中的所有元素赋值。在程序中下划线处应填入的是（   ）。

```
#include <stdio.h>
#include <string.h>
#include <math.h>
#define N l0
void fun(int x[N])
{int i=0;
while(i<N)SCANF("%D",___);
}
```

A. x+I   B. &x[i+1]   C. x+(i++)   D. &x[++i]

31. 以下程序运行时，若输入"how are you? I am fine<回车>"，则输出结果是（   ）。

```
#include <stdio.h>
#include <string.h>
#include <math.h>
main()
{char a[30],b[30];
scanf("%s",a);
gets(B) ;
printf("%s%s\n",a,b);
}
```

A. how are you? I am fine   B. how are you?I am fine

C. how   are you?I am fine   D. how are you?

32. 设有如下函数定义：

```
int fun(int k)
{if(k<1)return 0;
else if(k= =l)return l;
else return fun(k-1)+1:
}
```

若执行调用语句："n=fun(3);",则函数 fun 总共被调用的次数是（   ）。

A. 2   B. 3   C. 4   D. 5

33. 以下程序运行后的输入结果是（   ）。

```
#include <stdio.h>
#include <string.h>
```

```
#include <math.h>
int fun(int x,int y)
{if(x!=y)return((x+y)/2);
else return(x);
}
main()
{int a=4,b=5,c=6;
printf("%d\n",fun(2*a,fun(b,c)));
}
```
    A. 3   B. 6   C. 8   D. 12

34. 以下程序运行后的输出结果是（   ）。

```
#include <stdio.h>
#include <string.h>
#include <math.h>
int fun()
{static int x=1;
x*=2;
return x;
}
main()
{int i,s=1;
for(i=1;i<=3;i++)s*=fun();
printf("%d\n",s);
}
```
    A. 0   B. 10   C. 30   D. 64

35. 以下程序运行后的输出结果是（   ）。

```
#include <stdio.h>
#include <string.h>
#include <math.h>
#define s(x)4*(x)*x+1
main()
{int k=5,j=2;
printf("%d\n",s(k+j));
}
```
    A. 197   B. 143   C. 33   D. 28

36. 设有定义 "struct{char markp[l2];int numl;double num2;}tl,t2;"，若变量均已正确。赋初值，则以下语句中错误的是（   ）。

A. tl=t2; B. t2. num1=tl. numl;

C. t2. mark=tl. mark; D. t2. num2=tl. num2;

37. 以下程序运行后的输出结果是（　　）。

```c
#include <stdio.h>
#include <string.h>
#include <math.h>
main()
{unsigned char a=8,c;
c=a>>3;
printf("%d\n",c);
}
```

A. 32 B. 16 C. 1 D. 0

38. 设 fp 已定义，执行语句 "fp=fopen("file","w");" 后，以下针对文本文件 file 操作叙述的选项中正确的是（　　）。

A. 写操作结束后可以从头开始读 B. 只能写不能读

C. 可以在原有内容后追加写 D. 可以随意读和写

39. 以下程序段的输出结果是（　　）。

```c
int r=8;
print("%d \ n", r>>1);
```

A. 16 B. 8 C. 4 D. 2

40. 下列关于 C 语言文件的叙述中正确的是（　　）。

A. 文件由一系列数据依次排列组成，只能构成二进制文件

B. 文件由结构序列组成，可以构成二进制文件或文本文件

C. 文件由数据序列组成，可以构成二进制文件或文本文件

D. 文件由字符序列组成，其类型只能是文本文件

二、基本操作题(共 18 分)

请补充函数 proc()，函数 proc()的功能是求 7 的阶乘。

注意：部分源程序给出如下。请勿改动 main()函数和其他函数中的任何内容，仅在函数 proc()的横线上填入所编写的若干表达式或语句。

试题程序：

```c
#include <stdio.h>
#include <string.h>
#include <math.h>
long proc(int n)
{
if( 【1】 )
```

```
return(n*proc( 【2】 ));
else if( 【3】 )
return l;
}
void main()
{
int k=7;
printf("%d!=%ld\n",k,proc(k));
}
```

三、程序改错题(共 24 分)

下列给定的程序中，函数 proc()的功能是：用选择法对数组中的 m 个元素按从小到大的顺序进行排序。

例如，排序前的数据为：11 32-5 2 14，则排序后的数据为：-5 2 11 14 32。

请修改程序中的错误，使它能得到正确结果。

注意：不要改动 main()函数，不得增行或删行，也不得更改程序的结构。

试题程序：

```
#include <stdio.h>
#include <string.h>
#include <math.h>
#define M 20
void proc(int a[],int N)
{
int i,j,t,P;
//****found****
for(j=0;j<N-1;j++);
    {
    p=j;
    for(i=j+1;i<N;i++)
    if(a[i]<a[p])
    p=i;
    t=a[p];
    a [p]=a[j];
    //****found****
    a[p]=t;
    }
}
    void main()
```

```
{
    int arr[M]={11,32,-5,2,14},i,m=5;
    printf("排序前的数据:");
    for(i=0;i<m;i++)
    printf("%d",arr[i]);
    printf("\n");
    proc(arr,m);
    printf("排序后的顺序:");
    for(i=0;i<m;i++)
    printf("%d",arr[i]);
    printf("\n");
}
```

四、程序设计题(共 18 分)

请编写函数 proc(),该函数的功能是：将放在字符串数组中的 M 个字符串（每串的长度不超过 N），按顺序合并组成一个新的字符串。

例如，若字符串数组中的 M 个字符串为：

ABCD

BCDEFG

CDEFGHI

则合并后的字符串内容应该是 ABCDBCDEFGCDEFGHl。

注意：部分源程序给出如下。请勿改动 main()函数和其他函数中的任何内容，仅在函数 proc()的花括号中填入所编写的若干语句。

试题程序：

```
#include <stdio.h>
#include <string.h>
#define M 3
#define N 20
void proc(char arr[M][N]，char*b)
{

}
void main()
{
    char str[M][N]={"ABCD","BCDEFG","CDEFGHl"},i;
    char arr[100]={"#################"};
    printf("The strin9：kn");
    for(i=0;i<3;i++)
```

```
    puts(str[i]);
    printf("\n") ;
    proc(str,arr);
    printf("The A string：\n");
    printf("%s",arr);
    printf("\n\n");
    }
```

【参考答案及解析】

一、选择题

1．C。【解析】　对 n 个结点的线性表采用冒泡排序，在最坏情况下，需要经过 n/2 次的从前往后的扫描和 n/2 次的从后往前的扫描，需要的比较次数为 n(n-1)/2 a。

2．B。【解析】　有一个根节点的数据结构不一定是线性结构 a。

3．D。【解析】　有一个叶子节点而节点的总个数为 7，根据题意，这个二叉树的深度为 7。

4．D。【解析】　软件需求分析阶段所生成的说明书为需求规格说明书。

5．B。【解析】　结构化程序包含的结构为顺序结构、循环结构、分支结构。

6．A。【解析】　软件系统的总体结构图是软件架构设计的依据，它并不能支持软件的详细设计。

7．C。【解析】　负责数据库中查询操作的语言是数据操作语言。

8．D。【解析】　由于一个老师能教多门课程，而一门课程也能由多个老师教，所以是多对多的关系，也就是 m:n 的关系。

9．C。【解析】　由图所知，其中，C 中只有一个属性，是除操作。

10．B。【解析】　其中 A 选项是有符号的，C 选项是小数，D 选项是结合并不是类的实例化对象，只有 B 完全符合。

11．A。【解析】　解释执行是计算机语言的一种执行方式。由解释器现场解释执行，不生成目标程序。如 BASIC 便是解释执行。一般解释执行效率较低，低于编译执行。而 C 程序是经过编译生成目标文件然后执行的，所以 C 程序是编译执行。

12．D。【解析】　.exe 文件是可执行文件，Windows 系统都能直接运行.exe 文件，而不需要安装 C 语言集成开发环境。

13．A。【解析】　A 选项中逗号是一个操作符。

14．A。【解析】　C 语言中实数的指数计数表示格式为字母 e 或者 E 之前必须有数字，且 e 或 E 后面的指数必须为整数。所以选项 A 正确。

15．A。【解析】　由等式的规则可知，A 选项错误。先对括号的 b 进行等式运算，得出 b=4，然后计算得出 a=4=3，所以会导致错误。答案选择 A。

16．A。【解析】　考查简单的 C 程序。由题可知，程序中输入 name 的值为 Lili，所以输出的必定是 Lili，答案选择 A。

17. D。【解析】 考查 if 循环语句。if(表达式)，其中表达式是一个条件，条件中可以是任意的合法的数值。

18. C。【解析】 考查简单的 C 程序，题目中 x=011，而输出函数中是 ++x，说明是先加 1，所以为 10，答案选择 C。

19. A。【解析】 根据题意，当 s=1 时，输出 65；当 s=2 时，输出 6；当 s=3 时，则输出 64；当 s=4 时，输出 5；当 s=5 时，输出 6；当 s=0 时，程序直接退出。所以最后答案为 6566456，A 选项正确。

20. A。【解析】 程序中的 if 循环是固定地执行 8 次，属于计数器，程序是从中随机抽取一个数，然后对 5 进行求余再输出，共抽取 8 个数。所以答案为 A。

21. D。【解析】 考查简单的 C 程序数组和循环。if 循环指的是 s[i] 中的元素大于等于 0 且小于等于 9，则 n 加 1，所以答案为 D。

22. D。【解析】 此题考查的是基本的循环，答案为 D。

23. B。【解析】 此题考查的是 putchar() 函数，此函数是字符输出函数，并且输出的是单个字符，所以答案为 B。

24. C。【解析】 由题中给出数组，要给下标为 6 的数组赋值，其中 x[6] 实际上是第 6 个数，下标为 5，因为数组是从 0 开始计算，所以正确的表示方法为 C。

25. D。【解析】 fun() 函数的意思是当 *s%2= =0 的时候就输出并且 s 自动加 1 次，然后判断。所以可知只有第 2 和第 4 个位置上的才符合要求，所以答案为 D。

26. C。【解析】 主要是考查 while 和 getchar 函数，getchar 函数是输入字符函数，while 是循环语句，所以当输入的字符为换行符时才能执行程序段。

27. D。【解析】 因为 x!=0，所以下列的循环不执行，只执行 y++，最后结果为 0。

28. C。【解析】 答案 C 的意思是 *p 指向数组的第一个值。

29. C。【解析】 此程序是进行将小写字母变成大写操作，所以答案为 C。

30. A。【解析】 程序主要是为数组赋值。答案为 A。

31. B。【解析】 此题主要考查 scanf 函数和 gets 函数的区别。答案为 B。

32. B。【解析】 此题考查简单的循环，当执行 n=fun(3)，则函数 fun 执行 3 次。

33. B。【解析】 此题考查的是函数 fun()，fun(b,c)=5，然后 fun(2*a,5)=fun(8,5)=6。

34. D。【解析】 函数 fun() 是 2 的次方的运算，而 s*=fun()，所以答案为 64。

35. B。【解析】 此程序考查带参数的宏定义，s(k+j) 展开后即 4*(k+j)*k+j+1，所以结果为 143，答案为 B。

36. C。【解析】 结构体不能通过结构体名字整体赋值，通过"结构体名.成员名"的方式赋值，所以 C 选项错误。

37. C。【解析】 题中定义了无符号数，c=a>>3; 是指右移 3 位，然后输出。结果为 C。

38. B。【解析】 考查基础知识，fp=fopen("file", "w"); 指的是写操作之后只可以读。所以答案为 B。

39. C。【解析】 本题考查移位运算。将 8 转化为二进制数为 1000，右移一位不足补 0，结果为 0100，转化为十进制结果为 4。

40. C。【解析】 本题考查文件的知识点，文件是由数据序列组成的，可以构成二进制文件或文本文件。

二、基本操作题

【1】n>1　　【2】n-1　　【3】n==1

【解析】　本题求阶乘是由函数递归调用来实现的。阶乘公式为 N!=N*(N-1)!，因此【1】处填"n>1"；由递归的性质可知【2】处填"n-1"；直到 N=1 时结束递归调用，因此【3】处填"n==1"。

三、程序改错题

(1) 错误：for(j=0；j<N-1；j++)；
　　正确：for(j=0；j<N-1；j++)
(2) 错误：a[p]=t；
　　正确：a[j]=t；

【解析】　for 循环结束的标志是 for 后的一个语句，如果 for 后面直接跟一个分号，说明是一个空循环不执行任何功能，因此"for(j=0;j<N-1;J++);"后面的分号应该去掉。

四、程序设计题

```
void proc(char arr[M][N],char*b)
{
int i,j,k=0;
for(i=0;i<M;i++)                  //i 表示其行下标
for(j=0;arr[i][j]!='\0';j++)      //由于每行的个数不等，因此用 a[i][j]!='\0'作为循环结束的条件
b[k++]=arr[i][j];                 //把二维数组中的元素放到 b 的一维数组中
b[k]='\0';                        //最后把 b 赋'\0'作为字符串结束的标志
}
```

【解析】　字符串数组中每一行都是一个一个完整的字符串，其结束标志为'\0'。因此通过字符串的结束标志来判断每一个字符串是否结束，将字符串数组中的所有字符串均赋值新的一维数组 b 来完成字符串的合并。

参考文献

[1]　谭浩强. C 程序设计[M]. 4 版. 北京：清华大学出版社，2010.

[2]　谭浩强. C 程序设计（第四版）学习辅导[M]. 北京：清华大学出版社，2010.

[3]　李春贵，孙自广. C 语言实验实训[M]. 广州：华南理工大学出版社，2009.

[4]　占跃华. C 语言程序设计实训教程[M]. 北京：北京邮电大学出版社，2008.

[5]　张红玲，畅惠明. C 语言程序设计[M]. 成都：西南交通大学出版社，2014.